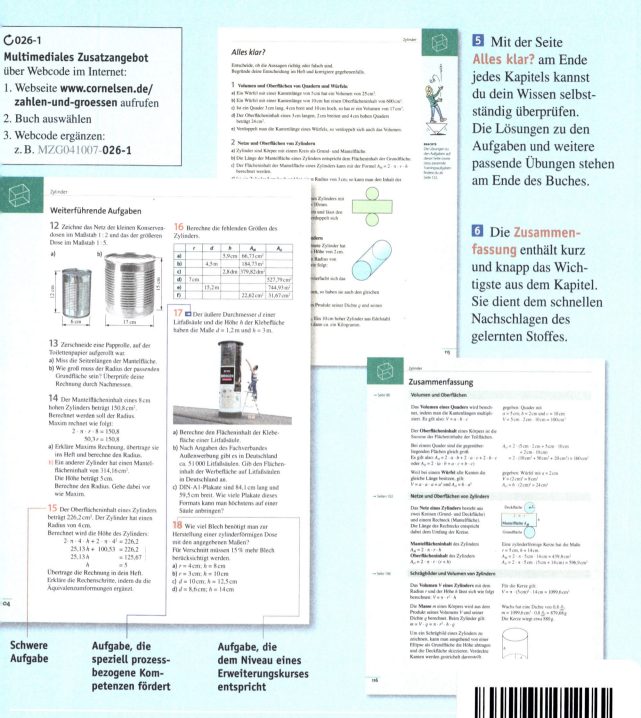

Zahlen und Größen 9

Grundkurs

Herausgegeben von Udo Wennekers

unter Mitarbeit
der Verlagsredaktion

Dieses Buch gibt es auch auf www.scook.de   Es kann dort nach Bestätigung der allgemeinen Geschäftsbedingungen genutzt werden.

Buchcode:

Herausgeber: Udo Wennekers

Erarbeitet von: Bernhard Bonus, Ines Knospe, Martina Verhoeven, Udo Wennekers

Unter Verwendung der Materialien von:
Helga Berkemeier, Ilona Gabriel, Henning Heske, Reinhold Koullen†, Doris Ostrow, Hans-Helmut Paffen, Jutta Schäfer, Willi Schmitz, Herbert Strohmayer

Redaktion: Christina Schwalm, Heike Schulz
Illustration: Roland Beier
Technische Zeichnungen: Ulrich Sengebusch†, Christian Böhning
Layout und technische Umsetzung: Jürgen Brinckmann
Umschlaggestaltung: Hawemann und Mosch, Berlin

Begleitmaterialien zum Lehrwerk			
Arbeitsheft 9 GK	978-3-06-004100-8	Lösungsheft 9 GK	978-3-06-041045-3
		Handreichungen	978-3-06-041044-6

www.cornelsen.de

Unter der folgenden Adresse befinden sich multimediale Zusatzangebote für die Arbeit mit dem Schülerbuch:
www.cornelsen.de/zahlen-und-groessen
Die Buchkennung ist **MZG041007**.

Die Links zu externen Webseiten Dritter, die in diesem Lehrwerk angegeben sind, wurden vor Drucklegung sorgfältig auf ihre Aktualität geprüft. Der Verlag übernimmt keine Gewähr für die Aktualität und den Inhalt dieser Seiten oder solcher, die mit ihnen verlinkt sind.

1. Auflage, 1. Druck 2016

Alle Drucke dieser Auflage sind inhaltlich unverändert und können im Unterricht nebeneinander verwendet werden.

© 2016 Cornelsen Schulverlag GmbH, Berlin

Das Werk und seine Teile sind urheberrechtlich geschützt. Jede Nutzung in anderen als den gesetzlich zugelassenen Fällen bedarf der vorherigen schriftlichen Einwilligung des Verlages.
Hinweis zu den §§ 46, 52a UrhG: Weder das Werk noch seine Teile dürfen ohne eine solche Einwilligung eingescannt und in ein Netzwerk eingestellt oder sonst öffentlich zugänglich gemacht werden. Dies gilt auch für Intranets von Schulen und sonstigen Bildungseinrichtungen.

Druck: Mohn Media Mohndruck, Gütersloh

ISBN Schülerbuch 978-3-06-041007-1

Inhalt

Lineare Funktionen

Noch fit? 6
■ Proportionale Zuordnungen
   (Wiederholung) 7
Lineare Funktionen erkennen
   und darstellen 11
Graphen mit einem Steigungsdreieck
   zeichnen 17
Methode Funktionen untersuchen
   mit einem Funktionenplotter 21
Vermischte Übungen 22
Alles klar? 27
Zusammenfassung 28

Ähnlichkeit

Noch fit? 52
■ Besondere Vierecke
   (Wiederholung) 53
Vergrößern und Verkleinern 57
   Methode Vergrößern und Verkleinern
   mit einer zentrischen Streckung 61
Ähnlichkeit im geometrischen Sinn 63
Thema Ähnlichkeit in der Kunst 66
Vermischte Übungen 68
Alles klar? 71
Zusammenfassung 72

Satz des Pythagoras

Noch fit? 30
■ Dreiecke (Wiederholung) 31
Quadratzahlen und Quadratwurzeln 35
Der Satz des Pythagoras 39
Thema Pythagoras gestern und heute ... 43
Thema Mathematik auf dem
   Schulhof – rechte Winkel
   konstruieren 44
Methode Dreiecke konstruieren
   mit einer dynamischen
   Geometriesoftware 45
Vermischte Übungen 46
Alles klar? 49
Zusammenfassung 50

Kreise

Noch fit? 74
■ Umfang und Flächeninhalt
   (Wiederholung) 75
Kreisumfang 79
Flächeninhalt des Kreises 83
Thema Rund ums Fahrrad 88
Vermischte Übungen 90
Alles klar? 93
Zusammenfassung 94

   Inhalte, die dem Niveau eines Erweiterungskurses entsprechen
■ Inhalte zur Wiederholung

Zylinder

Noch fit? 96
- Volumen und Oberflächen
  (Wiederholung) 97
Netze und Oberflächen
  von Zylindern 101
Schrägbilder und Volumen
  von Zylindern 105
Thema Zylinderförmige Gebäude 110
Vermischte Übungen 112
Alles klar? 115
Zusammenfassung 116

Anhang

Lösungen zu *Alles klar?*
  mit passenden Trainingsaufgaben 144
Lösungen zu den Trainingsaufgaben 154
Lösungen zu „Auf dem Weg
  in die Berufswelt" 157
Lösungen zu den Berufsseiten 162
Stichwortverzeichnis 166
Bildverzeichnis 168

Mathematik im Beruf

Auf dem Weg in die Berufswelt 118
Maler/in und Lackierer/in 130
Tischler/in 132
Verkäufer/in 134
Friseur/in 136
Konditor/in 138
Anlagenmechaniker/in 140
Formelsammlung 142

Lineare Funktionen

Egal ob man Strom, Wasser oder Gas geliefert bekommt, die Abrechnung ist immer ähnlich aufgebaut: Es gibt einen Grundpreis und zusätzlich einen Preis, der von der Verbrauchsmenge abhängig ist.

In diesem Kapitel lernst du, wie man Tarife und Gebühren mit Hilfe von Tabellen, Graphen und Funktionsgleichungen darstellen kann. Du erfährst außerdem, wie man aus zwei Punkten die Funktionsgleichung einer linearen Funktion bestimmen kann und welche Bedeutung die Schnittpunkte mit den beiden Achsen und die Steigung einer Geraden haben.

Lineare Funktionen

Noch fit?

1 Vereinfache die Terme.
a) $7x + 3x$
b) $5a - 2b + 3a - 4b$
c) $10y - 4x - 2y + 14x$
d) $3(4x + 2)$
e) $7(2x + 3y - 1)$
f) $4(x + 2) - 3(x + 7)$

2 Berechne den Wert der Terme.
a) $6x + 5$ für $x = 2$
b) $10 - 2x$ für $x = 7$
c) $3a + 12$ für $a = 2$
d) $3(x - 4)$ für $x = 6$
e) $12(10 - 3y)$ für $y = 1{,}5$
f) $9 - 4(x + 3)$ für $x = 0{,}5$

BEACHTE
$7x - 6 = 3x + 2$
$\quad\quad\quad\quad | -3x$
$4x - 6 = 2 \quad | +6$
$\quad 4x = 8 \quad | :4$
$\quad\quad x = 2$

3 Bestimme die Lösung der Gleichung. Beachte das Beispiel in der Randspalte.
a) $4x = 16$
b) $x + 5 = 12$
c) $3x - 2 = 7$
d) $17 + 2x = 3$
e) $3x + 5 = -6x + 41$
f) $5x + 11 = 3x + 7$
g) $20x + 5 = 13x - 16$
h) $26 - 2(x + 3) = 32$
i) $2(3x + 2) = 6x + 5$

4 Erinnere dich an die Formel aus der Zinsrechnung.
a) Notiere die Formel zur Berechnung der Jahreszinsen Z bei gegebenem Kapital K und Zinssatz p.
b) Stelle die Formel einmal nach K und einmal nach p um.

5 Trage die Punkte $P(6|2)$, $Q(11|5)$ und $R(8|10)$ in ein Koordinatensystem ein. Bestimme einen vierten Punkt S so, dass sich beim Verbinden ein Quadrat ergibt.

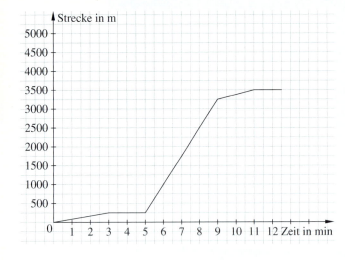

6 Das Schaubild zeigt den Verlauf von Timos Schulweg. Beschreibe möglichst genau, was in den 11 Minuten zwischen dem Verlassen der Wohnung und der Ankunft an der Schule passiert sein könnte.

7 Der Altersunterschied zwischen drei Geschwistern beträgt jeweils zwei Jahre. Zusammen sind sie 48 Jahre alt. Wie alt ist jeder?
a) Löse das Problem durch systematisches Probieren.
b) Die Gleichung $(n - 2) + n + (n + 2) = 48$ passt zum Problem. Steht die Variable n für das Alter des jüngsten, des mittleren oder des ältesten Kinds?
c) Löse die Gleichung aus Aufgabenteil b).

Bunt gemischt

1. Was ist mehr: 35 % von 70 oder 70 % von 35? Begründe.
2. Wie viel Zinsen erhält man für ein halbes Jahr, wenn man 12 000 € bei 3 % anlegt?
3. Bestimme die Wahrscheinlichkeit, aus einem Skatspiel (32 Karten) eine Dame zu ziehen.
4. Wie viele quadratische Fliesen mit 50 cm Kantenlänge benötigt man für eine Terrasse, die 4,50 m lang und 2,5 m breit ist?
5. Anna läuft $7{,}1\,\frac{km}{h}$, Tim läuft $2\,\frac{m}{s}$. Wer ist schneller?
6. Runde die Zahl 1837 auf Zehner, Hunderter und Tausender.
7. Wandle in die Einheit in Klammern um: 5 cm (mm); 0,7 km (m); 40 g (kg); 1,5 min (s).

6

Proportionale Zuordnungen (Wiederholung)

Erforschen und Entdecken

1 Hängt man Massestücke an eine Schraubenfeder, so wird die Schraubenfeder gedehnt.
Eine Messung liefert folgende Messwerte:

Masse m (in kg)	0	0,1	0,2	0,4
Ausdehnung y (in cm)	0	4	8	16

a) Trage die Werte in ein Koordinatensystem ein.
   Auf der x-Achse soll 1 cm für 0,1 kg stehen.
b) Um wie viel Zentimeter wird die Schraubenfeder gedehnt, wenn man eine Masse von 0,5 kg (0,6 kg; 1 kg) anhängt?
c) Durch eine angehängte Masse wird die Schraubenfeder um 12 cm (20 cm) gedehnt. Wie schwer ist die angehängte Masse?
d) Eine zweite Schraubenfeder ist härter, das heißt, es muss mehr Masse angehängt werden, um dieselbe Auslenkung zu erreichen. Skizziere den Graphen für diese Schraubenfeder.

2 Statt Kleingeld zu zählen, kann man es auch wiegen.
a) Eine 1-Cent-Münze wiegt 2,30 g. Fülle die Tabelle im Heft aus.

Anz. Münzen	1	10	50	100	1000
Masse (in g)	2,3				

b) Zwanzig 2-Cent-Münzen wiegen 61,2 g. Wie viel wiegt eine Münze (5 Münzen, 50 Münzen)?
Wie viel wiegen 10 € in 2-Cent-Münzen?
Stelle eine Tabelle auf.
c) Man kann Münzen auch zu einem Turm aufstapeln und aus der Höhe des Turms auf den Betrag schließen. Ein Turm aus 2-€-Münzen hat eine Höhe von 8,8 cm. Wie groß ist der Geldbetrag, wenn eine Münze 2,2 mm dick ist?

3 Alex fährt mit seinem Fahrrad. Im Schaubild ist für verschiedene Zeitspannen die zurückgelegte Strecke eingetragen.

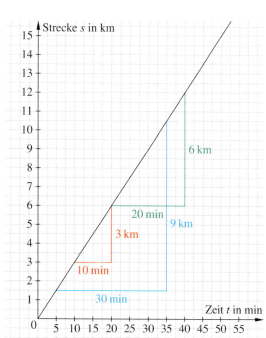

a) Bilde jeweils den Quotienten aus der Strecke s und der Zeit t. Für das blaue Dreieck ergibt sich z. B. $\frac{9}{30}$.
   Was fällt dir auf?
b) Welche Strecke hat Alex in 1 h zurückgelegt?
   Wie weit ist er in 5 min gefahren?
c) Wie lange braucht Alex bei seiner Geschwindigkeit für eine Strecke von 12 km?
   Gib in Minuten und in Stunden an.
d) Gib Alex' Geschwindigkeit in der üblichen Einheit $\frac{km}{h}$ an.
e) Wie realistisch ist die Annahme, dass Alex über so eine lange Strecke immer gleich schnell fährt?

Lineare Funktionen

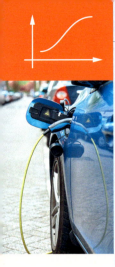

Lesen und Verstehen

Julias Mutter fährt zur Tankstelle. Sie ist seit dem letzten Tankstopp 450 km gefahren. Ihr Auto hat einen durchschnittlichen Verbrauch von 6 ℓ pro 100 km.

Um sich eine Übersicht über den Verbrauch zu verschaffen, kann man die Zuordnung *gefahrene Strecke → Kraftstoffverbrauch* betrachten:

BEACHTE
Eine Zuordnung kann auf verschiedene Arten dargestellt werden:
– in Wortform
– mit einer Wertetabelle
– als Graph

> Führt eine Verdopplung (Verdreifachung, Vervierfachung, …) der einen Größe auch zur Verdopplung (Verdreifachung, Vervierfachung, …) der zugeordneten Größe, dann handelt es sich um eine **proportionale Zuordnung**.
> Man sagt auch: Zwei Größen verändern sich im gleichen Verhältnis.

BEISPIEL

Strecke (in km)	50	100	150	200	400
Verbrauch (in ℓ)	3	6	9	12	24

(· 3 von 50 auf 150; : 2 von 400 auf 200)

Der Quotient aus zugeordnetem *y*-Wert und vorgegebenem *x*-Wert ist – abgesehen vom Wertepaar (0|0) – immer gleich. Man nennt die Zahlenpaare daher **quotientengleich**. Der entsprechende Quotient wird auch als **Proportionalitätsfaktor** bezeichnet.

Die grafische Darstellung einer proportionalen Zuordnung ist eine im Ursprung (0|0) beginnende Halbgerade mit positiver Steigung.

$\frac{3}{50} = \frac{6}{100} = \frac{24}{400} = 0{,}06$

Das bedeutet einen Verbrauch von 0,06 ℓ pro Kilometer bzw. 6 ℓ pro 100 km.

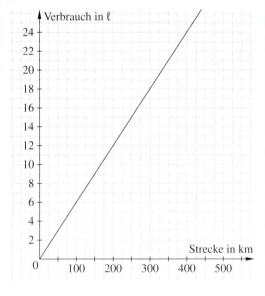

> **Das Dreisatz-Schema für proportionale Zuordnungen**
> 1. Das gegebene Wertepaar aufschreiben
> 2. Schluss auf die Einheit
> 3. Schluss auf das Gesuchte

Strecke (in km)	Verbrauch (in ℓ)
100	6
1	0,06
450	27

(: 100, · 450)

Julias Mutter hat 27 ℓ Kraftstoff verbraucht.

8

Proportionale Zuordnungen (Wiederholung)

Basisaufgaben

1 Gehört die Wertetabelle zu einer proportionalen Zuordnung? Begründe.

a)
Masse (in kg)	1	2	3	4
Preis (in €)	1,20	2,40	3,60	4,80

b)
Größe (in cm)	140	150	160	170
Masse (in kg)	35	40	45	50

c)
Strecke (in km)	50	100	200	300
Verbrauch (in ℓ)	3,5	7	14	21

2 Handelt es sich um Diagramme, die zu einer proportionalen Zuordnung gehören? Begründe.

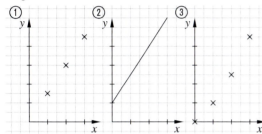

3 Vervollständige die Tabellen für proportionale Zuordnungen.

a)
x	1	2	3	4	
y	3	6			18

b)
x	1	2			12
y	5	10	15	30	

c)
x	2	4	6		
y	5			45	60

4 Welche der Zuordnungen sind proportional? Begründe.
a) *Wandfläche → benötigte Farbmenge*
b) *Anzahl der Bleistifte → Preis*
c) *Alter → Körpergröße*
d) *Entfernung auf der Karte → Entfernung in der Realität*
e) *Seitenlänge eines Quadrats → Flächeninhalt des Quadrats*

5 Ein Schreinergeselle erhält nach der Lehre einen Stundenlohn von 15 €.

Arbeitszeit (in h)	Lohn (in €)
1	15
5	
10	
20	
40	

a) Vervollständige die Tabelle.
b) Welchen Stundenlohn bekommt ein angelernter Arbeiter, der für eine 40-Stunden-Woche brutto 360 € erhält?
c) Das Diagramm zeigt den Lohn eines Gesellen mit Berufserfahrung. Welchen Stundenlohn erhält er?
d) Übertrage das Diagramm in dein Heft und zeichne den Graphen zur Tabelle mit ein.

Weiterführende Aufgaben

6 Unter welchen Bedingungen sind diese Zuordnungen proportional?
BEISPIEL Die Zuordnung *Anzahl der Äpfel → Gesamtgewicht* ist proportional, wenn alle Äpfel gleich schwer sind.
a) *Gefahrene Strecke → Benzinverbrauch*
b) *Größe der Hautfläche einer Katze → Anzahl der Haare*
c) *Anzahl der Kinokarten → Preis*
d) *Zahl der Kaninchen → Futtermenge*

7 Vervollständige die Tabellen für proportionale Zuordnungen.

a)
x	2		6	8	
y		12	24		36

b)
x	8	24		120	
y		15	25		100

c)
x	1,5	3	4	7	
y		54	72		180

BEACHTE
Die Lösungen zu Aufgabe 7 ergeben in der richtigen Reihenfolge den Namen eines Landes. Auf welchem Kontinent liegt dieses Land? 3 (A); 5 (L); 8 (B); 9 (G); 10 (H); 27 (S); 32 (N); 40 (A); 75 (D); 126 (C); 160 (E)

Lineare Funktionen

⌕ 010-1
Unter diesem Webcode findest du das Diagramm von Aufgabe 8 zum Ausdrucken.

8 Ein Stromkabel ist auf einer Rolle aufgewickelt. Seine Länge wird ermittelt, indem man die Rolle mit Kabel wiegt (und dann die Masse der Rolle abzieht).
a) 1 km Kabel hat eine Masse von 240 kg. Wie lang ist ein Kabel, das 60 kg (120 kg, 300 kg) wiegt? Stelle eine Tabelle auf.
b) Übertrage die Zeichnung in dein Heft. Wie viel wiegt in diesem Fall 1 km Kabel? Trage in dieselbe Zeichnung einen Graphen ein, der zu a) passt.

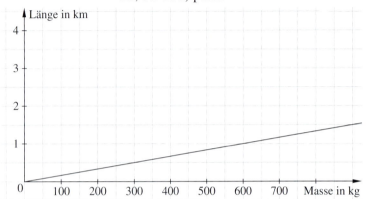

c) Angenommen, die Kabel aus a) und b) bestehen aus demselben Material. Welches Kabel hat dann den größeren Durchmesser? Begründe.

DIN-	in mm
A0	840 × 1188
A1	594 × 840
A2	420 × 594
A3	297 × 420
A4	210 × 297

9 In der Randspalte stehen die Abmessungen verschiedener DIN-Formate.
a) Zeige, dass die Zuordnung *Breite → Länge* (annähernd) proportional ist.
b) Vergleiche die Flächeninhalte. Was fällt dir auf?
c) Die Breite eines DIN-A0-Blatts entspricht der Länge eines DIN-A1-Blatts usw. Bestimme die Abmessungen eines DIN-A5-Blatts.

BEACHTE
Sind die Wertepaare einer Zuordnung **produktgleich**, spricht man von einer **antiproportionalen Zuordnung**.

10 Eine rechteckige Weide soll eine Fläche von 6000 m² einnehmen.
a) Bestimme die fehlenden Werte.

Länge (in m)		100	120	
Breite (in m)	62,5			48

b) Übertrage die Wertepaare in ein Schaubild.
c) Finde Gründe, warum es sich nicht um eine proportionale Zuordnung handelt.

11 Ermittle den Proportionalitätsfaktor der Zuordnung (y-Wert : x-Wert). Finde dazu einen Punkt auf der Geraden, dessen Koordinaten du gut ablesen kannst.

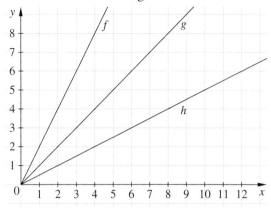

12 Richtig oder falsch? Begründe.
a) Die Zuordnung *Alter eines Baumes → Höhe* ist eine proportionale Zuordnung.
b) Der Graph einer proportionalen Zuordnung verläuft immer durch (0|0).
c) Es reicht aus, ein Wertepaar zu kennen, um den Graphen einer proportionalen Zuordnung zu zeichnen.
d) Sind (1|3) und (4|12) Wertepaare einer proportionalen Zuordnung, dann auch (1 + 4|3 + 12).

13 Aus 200 g Mehl, 2 Esslöffeln Zucker, 4 Eiern und 500 ml Milch (plus eine Prise Salz) kann man 8 süße Pfannkuchen backen.

a) Verändere das Rezept so, dass du doppelt so viele Pfannkuchen erhältst.
b) Es sollen Pfannkuchen aus 500 g Mehl gebacken werden. Wie verändert sich das Rezept?
c) ▶ Recherchiert die Preise für die Zutaten und bestimmt darüber die Kosten für einen Pfannkuchen.

Lineare Funktionen erkennen und darstellen

Erforschen und Entdecken

Das Verkehrszeichen weist darauf hin, dass die Straße auf dem folgenden Abschnitt eine Steigung von 11 Prozent hat. 11 % Steigung bedeutet, dass die Strecke auf 100 m waagerechter Länge um 11 m steigt.

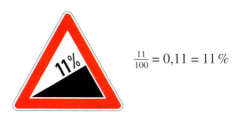

$\frac{11}{100} = 0{,}11 = 11\,\%$

a) Um wie viel Meter steigt die Strecke an, wenn man 200 m (500 m, 1 km) weit fährt?
b) Handelt es sich bei der Zuordnung
waagerechte Strecke (in m) → Höhe (in m)
um eine proportionale Zuordnung?

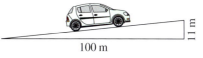

c) Welche der drei Geraden unten hat eine Steigung von 11 %? Wie groß sind die Steigungen der beiden anderen Geraden?

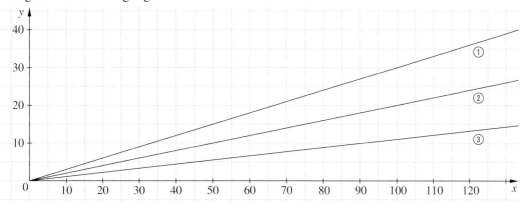

d) Zeichne ein Koordinatensystem mit einer Geraden, die eine Steigung von 100 % hat.

1 Das Schaubild zeigt den morgendlichen Schulweg von vier Kindern.

a) Die Schule beginnt um 8:15 Uhr. Alle Kinder haben das Haus um 8 Uhr verlassen. Wann sind sie jeweils an der Schule?
b) Warum beginnt Tims Gerade erst bei 0,4? Wie lang ist der Schulweg der Kinder jeweils?
c) Wer fährt schnell mit dem Rad zur Schule? Wer geht ganz gemütlich seinen Schulweg? Begründe.

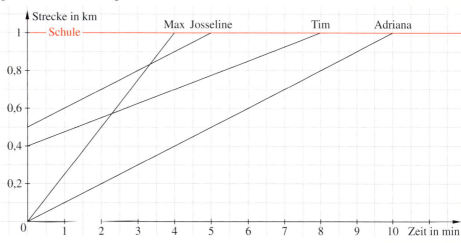

d) Zu welchen beiden Kindern gehören die Wertetabellen? Begründe.

①
Zeit (in min)	0	1	2	3	4	5
Strecke (in km)	0,5	0,6	0,7	0,8	0,9	1,0

②
Zeit (in min)	0	1	2	3	4
Strecke (in km)	0	0,25	0,5	0,75	1,0

Lineare Funktionen

Lesen und Verstehen

An einem herrlichen Sonntag vergnügen sich die Kinder der Familie Klausen im Planschbecken, das 30 cm tief mit Wasser gefüllt ist. Dabei geht viel Wasser über den Rand verloren.

Der Wasserstand im Pool kann dargestellt werden durch eine eindeutige Zuordnung
Zeit → Wasserstand.
Jeder Minute kann genau ein Wasserstand zugeordnet werden.

BEISPIEL 1

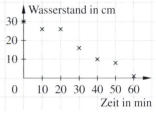

> Eine Zuordnung, bei der jedem x-Wert genau ein y-Wert zugeordnet wird, heißt **Funktion**.

x	Zeit (in min)	0	10	20	30	40	50	60
y	Wasserstand (in cm)	30	26	26	16	10	8	1

BEACHTE
Den y-Wert nennt man auch **Funktionswert**.

Am Abend beträgt der Wasserstand nur noch 1 cm. Herr Klausen füllt das Becken wieder gleichmäßig mit dem Schlauch. Pro Minute steigt das Wasser um 2 cm.

Um die **Wertetabelle** einer Funktion zu erstellen, berechnet man für jedes x den zugehörigen y-Wert.

BEISPIEL 2

x	Zeit (in min)	0	1	2	3	4	5
y	Wasserstand (in cm)	1	3	5	7	9	11

Mit Hilfe der Wertetabelle kann man den **Funktionsgraphen** zeichnen.

Der zu x gehörende y-Wert kann durch einen Funktionsterm $f(x)$ berechnet werden.
Die Gleichung $y = f(x)$ nennt man die **Funktionsgleichung**.

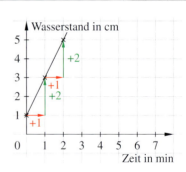

BEACHTE
Eine **proportionale Funktion** ist eine besondere lineare Funktion mit $n = 0$:
$y = m \cdot x$ bzw.
$f(x) = m \cdot x$

> Eine Funktion mit der Funktionsgleichung
> $y = f(x) = mx + n$ heißt **lineare Funktion**.
> Ihr Graph ist eine Gerade.
> Der Faktor m heißt **Steigung** der Funktion.
> Die Variable n heißt **y-Achsenabschnitt**.

$y = 2x + 1$ oder
$f(x) = 2x + 1$ („f von x gleich $2x + 1$")

Für $x = 3$ gilt: $y = 2 \cdot 3 + 1 = 7$ oder
                   $f(3) = 2 \cdot 3 + 1 = 7$
Nach 3 min beträgt der Wasserstand 7 cm.

Die Größe der **Steigung** m gibt an, um wie viel sich der Funktionswert y verändert, wenn sich der x-Wert um 1 verändert.
Je größer der Betrag der Steigung, desto steiler verläuft die Gerade.

Erhöht sich der x-Wert um 1 Einheit, dann erhöht sich der y-Wert um 2 Einheiten.
Die Funktion hat die Steigung $m = 2$.

Der Schnittpunkt des Graphen mit der y-Achse ist der **y-Achsenabschnitt** n.
Er steht für den Wert, der zu Beginn der Beobachtung vorliegt (Anfangswert).

Der y-Achsenabschnitt ist $n = 1$.
Zu Beginn steht das Wasser 1 cm hoch.

12

Lineare Funktionen erkennen und darstellen

Basisaufgaben

1 Trage die zugeordneten Werte in ein Koordinatensystem ein und zeichne den Graphen der Funktion als Gerade.

a)
x	0	1	2	3	4	5	6
y	1,5	3	4,5	6	7,5	9	10,5

b)
x	0	1	2	3	4	5	6
y	2	4	6	8	10	12	14

c)
x	0	2	4	6	8	10	12
y	6	5	4	3	2	1	0

d)
x	−3	−2	−1	0	1	2	3
y	−1	0	1	2	3	4	5

2 Lege eine Wertetabelle mit x-Werten zwischen −1 und 5 an.
Berechne die y-Werte, indem du die x-Werte in die Funktionsgleichung einsetzt.
BEISPIEL $y = 3x + 2$; für $x = -1$ ist
$y = 3 \cdot (-1) + 2 = -3 + 2 = -1$
Zeichne dann den Graphen der Funktion.
a) $y = 3x + 2$ b) $y = 2x - 1$
c) $y = 4x + 0,5$ d) $y = x - 2$
e) $f(x) = -0,5x + 1$ f) $f(x) = -2x + 3$

3 Stelle die Funktionsgleichung auf, lege jeweils eine Wertetabelle für x-Werte zwischen −3 und 3 an und zeichne die Graphen der linearen Funktionen.
BEISPIEL $m = 4$; $n = 1$; $y = 4x + 1$
a) $m = 2$; $n = 3$ b) $m = 2$; $n = -3$
c) $m = 3$; $n = 0,5$ d) $m = 5$; $n = -2,2$
e) $m = -4$; $n = 2$ f) $m = -0,5$; $n = -2$

4 Ordne die Funktionsgleichungen den Geraden in der Abbildung zu.
① $y = 2,5x + 2$
② $y = -0,4x + 5$
③ $y = 0,5x + 2$

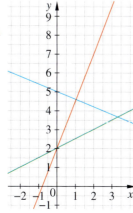

5 Berechne jeweils den y-Wert für $x = -3$; $x = 0$; $x = 2$ und $x = 13$.
a) $f(x) = 3x + 4,5$ b) $y = -2x + 2$
c) $y = 4x - 3$ d) $f(x) = 8,2x - 4,2$

6 Welche der Graphen in der Randspalte gehören nicht zu einer linearen Funktion?

7 Marie füllt ihr 24 cm hohes Aquarium gleichmäßig mit Wasser. Zu Beginn steht das Wasser schon 9 cm hoch.

Zeit (in min)	1	2	3	4	5
Wasserstand (in cm)	12				

a) Vervollständige die Tabelle im Heft.
b) Zeichne mit Hilfe der Tabelle den Graphen.
c) Nach welcher Zeit ist das Aquarium voll?
d) Um wie viel Zentimeter steigt der Wasserstand pro Minute? (Das ist m.)
e) Gib eine passende Funktionsgleichung an. Dabei soll x für die Zeit (in min) und y für die Füllhöhe (in cm) stehen.

8 ▶ Ein Schwimmbecken wird geleert. Der Wasserstand beträgt zunächst 2,5 m und sinkt pro Stunde um 0,15 m.
a) Lege eine Wertetabelle an.
b) Veranschauliche das Leeren des Beckens durch einen Funktionsgraphen.
c) Begründe, warum auch hier eine lineare Funktion vorliegt. Welche Steigung hat die Funktion? Achtung: m ist negativ!
d) Welchen y-Achsenabschnitt hat die Funktion? (Finde den Anfangswert.)
e) Gib die Funktionsgleichung an.

9 Welche Funktionsgleichung passt? Wofür steht x, wofür steht y?
a) Ein Haar ist 12 cm lang. Es wächst pro Monat um 0,8 cm.
  ① $y = 12x + 0,8$ ② $y = 0,8x + 12$
b) Für eine Klassenfahrt wird ein Bus gemietet. Die Kosten für die Bereitstellung des Busses betragen 360 €. Zusätzlich werden pro km 0,55 € berechnet.
  ① $f(x) = 0,55x + 360$ ② $y = 55x + 360$

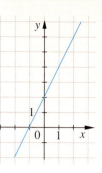

13

Lineare Funktionen

Weiterführende Aufgaben

014-1
Hier gibt es die Tabelle von Aufgabe 10 zum Ausdrucken und Ausfüllen.

NACHGEDACHT
Wie viele Funktionswerte muss man mindestens berechnen, um eine lineare Funktion zeichnen zu können?

10 Lineare Funktionen lassen sich auf verschiedene Weisen darstellen. Übertrage die Tabelle in dein Heft (Querformat) und vervollständige sie. Denke dir weitere Beispiele aus.

Sachverhalt	Funktionsgleichung	Wertetabelle	Graph
Auslaufen einer Badewanne, die mit 120 ℓ gefüllt ist. Pro Minute laufen 15 ℓ aus.			Füllmenge in ℓ; 120, 60; Zeit in min
Startguthaben 200 €; pro Monat kommen 20 € hinzu.		Zeit (in Monaten): 0, 1, 2; Guthaben (in €): 200, 220, 240	
Länge einer Kerze in Abhängigkeit von der Brenndauer in Stunden	$y = -5x + 25$		

11 Jan hat auf seinem Konto 200 €. Monatlich bekommt er von seinen Eltern 25 € Taschengeld überwiesen.
a) Fülle die Wertetabelle im Heft aus.

Anz. Monate	0	1	2	3	4	5
Betrag (in €)	200					

b) Zeichne den Graphen der Funktion.
c) Welche der folgenden Funktionsgleichungen passt dazu? Begründe.
① $y = 25x + 200x$ ② $y = 200x - 25$
③ $y = 25x + 200$ ④ $y = 25x - 200$

12 Bei einem Online-Händler kostet jede CD 6,00 €. Dazu kommen 2,50 € Versandkosten, egal wie viele CDs man bestellt.
a) Ergänze die Wertetabelle im Heft.

Anzahl CDs	1	2	3	4	5
Preis (in €)					

b) Zeichne den Graphen der Zuordnung Anzahl CDs → Preis (in €). Auf der x-Achse soll 1 cm für eine CD stehen. Auf der y-Achse steht 1 cm für 2 €.
c) Gib eine Funktionsgleichung an.

13 Überprüfe, ob die Funktionen linear sind. Falls ja, gib die Funktionsgleichung an.

a)
x	0	1	2	4	6	8
y	15	13	11	7	3	−1

b)
x	−1	0	1	2	3	4
y	8	10	13	15	18	20

c)
x	−10	−5	0	5	10	15
y	−2	−1	0	1	2	3

14 Die Tabelle zeigt die Masse eines Betonmischers bei verschiedenen Ladungen.

Betonvolumen (in m³)	1	2	3	4
Masse des Lkws (in t)	13	15	17	19

a) Begründe, warum durch die Wertetabelle eine lineare Funktion dargestellt wird.
b) Zeichne den Graphen der Funktion.
c) Lies aus deiner Zeichnung ab, wie viel der Betonmischer ohne Ladung wiegt.
d) Gib die Funktionsgleichung an.
e) Das zulässige Gesamtgewicht für den Betonmischer beträgt 26 t. Wie viel m³ Beton darf er höchstens laden?

14

Lineare Funktionen erkennen und darstellen

15 Anne soll prüfen, ob der Punkt $P(3|10)$ auf der Geraden liegt, die durch die Gleichung $y = 2x + 4$ gegeben ist.
Sie rechnet

$$2 \cdot 3 + 4 = 10 \; (w)$$

und entscheidet, dass der Punkt auf der Geraden liegt.
a) Erkläre, wie Anne vorgegangen ist.
b) Prüfe, ob auch die Punkte $Q(1|6)$ bzw. $R(-1|6)$ auf der Geraden liegen.

16 Die Gleichungen $y = 0,5x + 2$ und $y = 0,5x + 4$ beschreiben zwei Geraden.
a) Zeichne die Geraden. Wie viele Funktionswerte musst du dazu kennen?
b) Wie verlaufen die Geraden zueinander?
c) Gib die Gleichung einer Gerade an, die zu den beiden anderen Geraden parallel ist und die y-Achse im Punkt $(0|3)$ schneidet.

17 Frau Ates least einen Pkw. Sie zahlt 5000 € an und muss jeden Monat eine Leasingrate von 250 € zahlen.
a) Erstelle eine Wertetabelle (Zeit in Monaten; Betrag in €) und zeichne den Graphen.
b) Gib die Funktionsgleichung an.
c) Wie viel hat sie nach 3 Jahren gezahlt?

18 Nach einem Fußballspiel verlassen die 56 000 Zuschauer das Stadion durch die vier Ausgänge. Pro Minute gehen durch jeden Ausgang etwa 220 Zuschauer.

a) Wie viele Zuschauer befinden sich nach 10 Minuten noch im Stadion?
b) Gib eine Funktionsgleichung an für die Anzahl der Zuschauer, die nach x Minuten noch im Stadion sind.

19 Zwei unterschiedlich dicke Kerzen aus dem gleichen Material brennen ab. Wie sich die Höhe verändert, wird im Diagramm veranschaulicht.

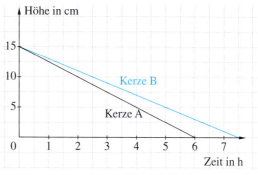

a) Gib die Brenndauer der Kerzen an.
b) Welche der beiden Kerzen ist dicker?
c) Gib jeweils eine Funktionsgleichung der beiden Kerzen an. Die vergangene Zeit (in h) ist x, die Höhe (in cm) ist y.
d) Welche der Funktionsgleichungen beschreibt den Abbrennvorgang einer 18 cm hohen zylinderförmigen Kerze mit einer Brenndauer von 20 Stunden?
① $y = 18 - 20x$ ② $y = 20 - 18x$
③ $y = 18 - 0,9x$ ④ $y = 20 - 0,9x$
⑤ $y = 18 + 0,9x$ ⑥ $y = 18 - 0,2x$

20 Eine Eierpalette für maximal 30 Eier wiegt 80 g. Jedes Ei wiegt 60 g.
a) Wie viel wiegt eine Palette mit 5 (10; 12; 20; 30) Eiern?
b) Stelle eine Funktionsgleichung auf, mit der das Gesamtgewicht y in Abhängigkeit von der Anzahl x der Eier berechnet werden kann.
c) Wie viel Eier sind auf der Palette, wenn das Gesamtgewicht 500 g beträgt?
d) Für eine andere Palette und Eier mit anderem Gewicht lautet die Gleichung $y = 65x + 60$. Wie viel wiegt die Palette, wie viel wiegt jedes Ei?

21 Welche Steigung hat die Gerade in der Randspalte? Finde die Funktionsgleichung.

22 Zeichne in ein Koordinatensystem eine Parallele zur y-Achse. Begründe, warum das nicht der Graph einer Funktion sein kann.

Lineare Funktionen

ZUR INFORMATION
kWh ist die Abkürzung für Kilowattstunde. Eine kWh ist eine Energieeinheit.
Der Arbeitspreis gibt die Kosten je verbrauchter Einheit an elektrischer Arbeit in Cent pro kWh an.

23 Familie Meier überlegt, ob sie statt Normalstrom Ökostrom wählen sollte. Die Stadtwerke verlangen eine Grundgebühr von 69,02 € pro Jahr und 17,56 Cent pro kWh.
Für Strom aus erneuerbaren Energien zahlt man 21,03 Cent pro kWh und 72,87 € Grundgebühr.
Steuern sind in den Preisen bereits enthalten.
Herr Meier hat die Preise in ein Tabellenkalkulationsprogramm eingegeben und damit die Gesamtpreise für verschiedene Verbrauchswerte berechnet.

a) Welche Formeln hat er eingeben, um die Preise in den Zellen **B6** bis **B14** bzw. **C6** bis **C14** zu berechnen?
b) Mit welcher Formel wurde in Zelle **D6** gerechnet?
c) Suche im Internet die Tarife von Stromanbietern, die auch für deine Heimat Normalstrom und Ökostrom anbieten.

24 Familie Ritter hat ihre Wasserrechnung erhalten.

		Ihre Kosten im Zeitraum 01.01.2016 bis 31.12.2016			
Preisart	Preis-Zone	Verbrauch bzw. Anzahl	Preis	Anteil Tage	Betrag [5]
Geräte/Zähler	1	1 -	78,24 EUR/a	365/365	78,24 EUR
Arbeitspreis	1	142 m3	132,50 Ct/m3		188,15 EUR
				Nettosumme:	266,39 EUR
				USt. 7,0 %:	18,65 EUR
				Bruttosumme:	285,04 EUR

a) Erläutere die einzelnen Posten der Rechnung.
b) Gib eine Funktionsgleichung an, mit der man die Nettosumme für $x\,m^3$ Wasser berechnen kann.
c) Die Nachbarn waren sparsamer und erhielten eine Rechnung mit einer Nettosumme von 249,17 €. Wie viel m^3 Wasser haben sie verbraucht? Runde auf volle m^3.
d) Verändere die Funktionsgleichung so, dass sie die Bruttokosten (inklusive 7 % Umsatzsteuer) angibt.

Tarif 1:
5 Cent pro kWh
Grundgebühr
10,10 € pro Monat

Tarif 2:
5,4 Cent pro kWh
keine Grundgebühr

25 Bei der Erdgasversorgung stehen Familie Hohmann zwei Tarife zur Auswahl (siehe Randspalte).
a) Erkunde mit einem Tabellenkalkulationsprogramm (ähnlich wie in Aufgabe 23), bei welchem Erdgasverbrauch sich welcher Tarif anbietet.
b) Stell dir vor, du musst einen Bericht für die Verbraucherzentrale schreiben, die ihren Kunden einen Tarif empfehlen möchte.
Erstelle für deinen Bericht folgende Rechenbeispiele jeweils mit Empfehlung für einen Tarif.
– 1-Personen-Haushalt mit einem jährlichen Verbrauch von 2500 kWh
– 4-Personen-Haushalt mit einem jährlichen Verbrauch von 5000 kWh

Graphen mit einem Steigungsdreieck zeichnen

Erforschen und Entdecken

1 Daniel hat zu vier Funktionsgleichungen die Funktionsgraphen gezeichnet.

① $y = 3x - 1$ ② $y = -3x + 2$ ③ $y = \frac{3}{4}x - 2$ ④ $y = -\frac{2}{3}x + 1$

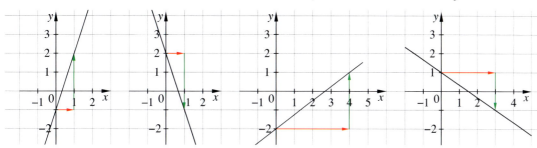

ERINNERE DICH
Für ganze Zahlen gilt: $3 = \frac{3}{1}$

a) Setze jeweils $x = 0$ in die Funktionsgleichung ein und berechne den zugehörigen y-Wert. Wo findest du diesen Wert in der Zeichnung wieder?
b) Welche Geraden steigen, welche fallen? Woran erkennt man das?
c) Ordne die Geraden von „steigt am stärksten" bis hin zu „fällt am stärksten". Welcher Term in der Funktionsgleichung beschreibt das Steigen bzw. Fallen?
d) Grüner und roter Pfeil an den Geraden zeigen zusammen die Steigung der Geraden an. Erläutere, wie die Steigung in der Funktionsgleichung mit diesen Pfeilen zusammenhängt.

2 Die Schülerinnen und Schüler der 9a haben Funktionssteckbriefe erstellt.
a) Welche Steckbriefe gehören zu den Gleichungen A, B und C? Arbeitet zu zweit und findet auch eine Gleichung für den letzten Steckbrief. Beschreibt euer Vorgehen.

Funktion ① schneidet die y-Achse bei 7 und hat die Steigung 3.

Funktion ② geht durch die Punkte (0|7) und (1|4).

A) $y = 0{,}5x + 2$
B) $y = -3x + 7$
C) $y = 3x + 7$

Funktion ③ geht durch den Punkt (2|0) und hat die Steigung 0,5.

Funktion ④ verläuft parallel zum Graphen der Funktion $y = 0{,}5x$ und schneidet die y-Achse bei -2.

b) Zeichne die Graphen der vier Funktionen zur Kontrolle in ein Koordinatensystem mit Achsen von -5 bis 15. Ein Kästchen soll einer Einheit entsprechen.

3 Ina zeichnet den Graphen der Funktion $f(x) = \frac{3}{5}x - 1$, ohne eine Wertetabelle anzulegen. Sie liest alle nötigen Werte aus der Funktionsgleichung ab:
„Der y-Achsenabschnitt ist ▧, also verläuft der Graph durch den Punkt (0| ▧).
Die Steigung ist $\frac{3}{5}$, also steigt der Graph um ▧ an, wenn der x-Wert um 1 erhöht wird. Wenn ich also vom Schnittpunkt mit der y-Achse aus 1 nach rechts und $\frac{3}{5}$ nach ▧ gehe, dann komme ich zu einem zweiten Punkt auf der Geraden. $\frac{3}{5}$ ist dasselbe wie 0, ▧ ."

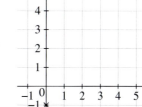

a) Notiere im Heft die fehlenden Angaben. Zeichne den Graphen.
b) Emre meint: „Bei der Steigung kann ich es mir einfacher machen. Statt ein Kästchen nach rechts und $\frac{3}{5}$ nach oben zu gehen, gehe ich 5 Kästchen nach rechts und 3 Kästchen nach oben."
Erhält Emre denselben Graphen? Begründe.

Lineare Funktionen

Lesen und Verstehen

Tim und Uli machen eine Bergwanderung. Bis zur Höhe von 500 m sind sie gewandert. Das letzte Stück bis zum 800 m hohen Gipfel wollen sie mit einer Seilbahn zurücklegen.

Welche Steigung hat die Seilbahn auf diesem Stück?

Die **Steigung** m einer linearen Funktion $y = mx + n$ kann über die Koordinaten zweier beliebiger Punkte bestimmt werden.

Dazu wird der **Höhenunterschied** der beiden Punkte auf der y-Achse ermittelt, also die **Differenz der y-Werte** gebildet.

Außerdem benötigt man den **Horizontalunterschied** der beiden Punkte auf der x-Achse. Das ist die **Differenz der x-Werte**.

Höhenunterschied, Horizontalunterschied und Graph bilden ein rechtwinkliges Dreieck, das **Steigungsdreieck**.

Die Steigung der Funktion erhält man, wenn man den Höhenunterschied durch den Horizontalunterschied dividiert. Das entspricht dem Verhältnis der beiden Strecken zueinander.

BEISPIEL

$m = \frac{8-5}{10-4} = \frac{3}{6} = 0{,}5$

Die Seilbahn hat eine Steigung von $0{,}5 = \frac{50}{100}$, also von 50 %.

Die Funktionsgleichung lautet $y = 0{,}5\,x + 3$.

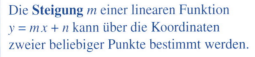

Steigung $m = \dfrac{\text{Höhenunterschied auf der } y\text{-Achse}}{\text{Höhenunterschied auf der } x\text{-Achse}} = \dfrac{y_2 - y_1}{x_2 - x_1}$

BEACHTE

Ist die Steigung m positiv, so erhält man eine **steigende** Gerade. Ist m negativ, erhält man eine **fallende** Gerade.

Mit Hilfe des Steigungsdreiecks kann man Graphen von linearen Funktionen leicht zeichnen:

BEISPIELE

Zeichne den Graphen zu $y = \frac{3}{2}x - 1$.

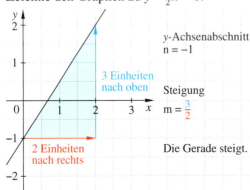

y-Achsenabschnitt $n = -1$

Steigung $m = \frac{3}{2}$

Die Gerade steigt.

Zeichne den Graphen zu $y = -2x + 3{,}5$.

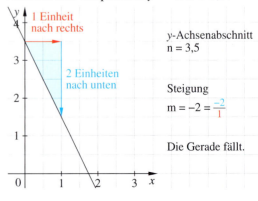

y-Achsenabschnitt $n = 3{,}5$

Steigung $m = -2 = \frac{-2}{1}$

Die Gerade fällt.

Basisaufgaben

1 Handelt es sich um steigende oder fallende Geraden?
a) $y = -\frac{1}{4}x$
b) $y = 0{,}25x$
c) $y = \frac{2}{3}x$
d) $y = -3x$

2 Ordne die Geradengleichungen den Graphen in der Randspalte zu.
① $y = \frac{4}{3}x$
② $y = -\frac{3}{4}x$
③ $y = \frac{3}{4}x$

3 Betrachte die Gerade.

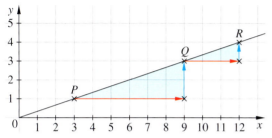

a) Wie viele Einheiten musst du nach rechts und nach oben gehen, um von P zu Q bzw. von Q zu R zu gelangen?
b) Bestimme die Steigung der Geraden.
c) Gib die Gleichung der Geraden an.

4 Lies die Steigung m und den y-Achsenabschnitt n ab. Gib die Gleichung an.

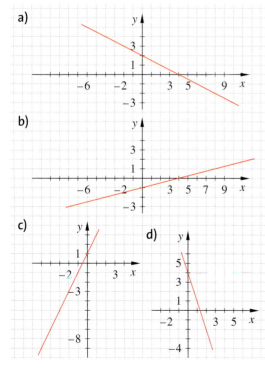

5 Berichtige mögliche Fehler in den Geradengleichungen.

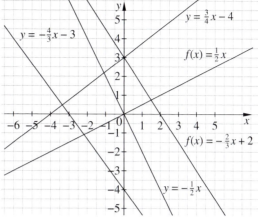

6 Formuliere die Steigung als eine Wortvorschrift fürs Zeichnen.
BEISPIEL $m = -\frac{3}{2}$ heißt: gehe 2 Einheiten nach rechts und 3 Einheiten nach unten.
a) $m = -\frac{2}{5}$
b) $m = \frac{1}{4}$
c) $m = \frac{3}{7}$
d) $m = -\frac{1}{3}$
e) $m = 9$
f) $m = -6$

7 💬 Alina meint: „Das mit dem Steigungsdreieck habe ich nicht ganz verstanden. m ist die Steigung. Bei $y = 3x + 4$ ist auch alles klar, $m = 3$, da gehe ich eine Einheit nach rechts und drei Einheiten nach oben. Aber wie geht das bei $y = -3x + 4$? Und was ist, wenn m ein Bruch ist, also bei $y = \frac{2}{3}x + 2$?" Erkläre es an den Beispielen.

8 Lisa und Niklas sollen die Gerade zu $y = \frac{2}{5}x + 2$ zeichnen. Beide haben zuerst den Punkt $(0|2)$ markiert.

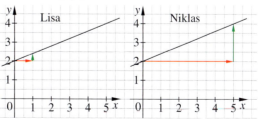

a) Vergleiche ihre Vorgehensweise. Welche ist genauer?
b) Kevin meint: „Es funktioniert auch, fünf **Kästchen** nach rechts und zwei nach oben zu gehen". Was sagst du?

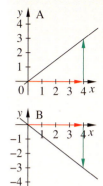

Lineare Funktionen

9 Zeichne die Graphen der linearen Funktionen und gib ihre Funktionsgleichungen an.
a) $m = \frac{1}{5}$; $n = 1$ b) $m = -\frac{5}{6}$; $n = 3$
c) $m = \frac{3}{4}$; $n = -2$ d) $m = -\frac{1}{3}$; $n = -\frac{1}{2}$

10 Lies die Steigung und den y-Achsenabschnitt ab. Zeichne die Gerade.
a) $y = 2x + 3$ b) $y = -\frac{3}{2}x + 2$
c) $y = \frac{1}{3}x - 4$ d) $y = x - 2{,}5$
e) $y = \frac{3}{4}x + \frac{1}{2}$ f) $y = \frac{4}{3}x - 4$
g) $y = 0{,}75x - 1$ h) $y = 1{,}5x - 2$
i) $y = -x$ j) $y = 7$

11 Zeichne die Gerade mit der angegebenen Gleichung.
Wo schneidet die Gerade die x-Achse?
Gib die Koordinaten an.
a) $y = -\frac{3}{4}x + 3$ b) $y = \frac{1}{2}x - 1{,}5$
c) $y = -2x + 5$ d) $y = x + 1$

12 Eine Gerade verläuft durch die Punkte A und B. Zeichne sie, bestimme ihre Gleichung. Lies den Schnittpunkt mit der x-Achse ab.
a) $A(2|3)$; $B(6|5)$ b) $A(-1|4)$; $B(-2|6)$
c) $A(3|0)$; $B(5|1)$ d) $A(0|-2)$; $B(1|2)$
e) $A(0|0)$; $B(2|3)$ f) $A(1|2)$; $B(3|1)$

Weiterführende Aufgaben

Das Herz …
ist der „Motor" des Kreislaufs. Es arbeitet wie eine Pumpe. In der Minute schlägt es ca. 70-mal und pumpt ca. 80 ml Blut pro Herzschlag. Pro Tag pumpt das Herz 6000 bis 8000 Liter Blut. Das entspricht etwa dem Volumen eines Tankwagens!

13 Zeichne eine Gerade, die durch den Punkt P geht und die Steigung m hat.
Gib anschließend die Geradengleichung an.
a) $P(1|2)$; $m = 1$ b) $P(2|3)$; $m = 2$
c) $P(-1|3)$; $m = -4$ d) $P(-2|0)$; $m = 3$

14 Eine Gerade verläuft durch den Punkt $(0|0)$ und durch den Punkt $R(\;3|\;5)$. Zeichne und bestimme Vorzeichen der Koordinaten von R so, dass sich …
a) eine steigende Gerade ergibt.
b) eine fallende Gerade ergibt.
Findest du mehrere Möglichkeiten?

15 Eine Kerze brennt ab. Erkläre, wie du die Informationen am Graphen abliest.
a) Wie hoch war die Kerze zu Beginn?
b) Um wie viel Zentimeter brennt die Kerze in einer Stunde ab?
c) Wann ist die Kerze abgebrannt?
d) Gib die Funktionsgleichung an.

16 Ein Autofahrer hat bei einer Alkoholkontrolle 1,2 Promille. Sein Körper baut pro Stunde 0,1 Promille ab. Nach welcher Zeit ist er wieder nüchtern? Verdeutliche den Vorgang durch eine Gerade im Koordinatensystem.

17 Asra macht eine Ausbildung zur Krankenschwester.
Dort hat sie einen Merktext zum Herzen erhalten (siehe Randspalte).
a) Zeichne zu den Angaben eine Gerade. Auf der x-Achse steht die Zeit in Minuten und auf der y-Achse die Blutmenge in ℓ. 1 cm entspricht dabei 5 ℓ.
b) Im Körper fließen ca. 5 ℓ Blut. Nach welcher Zeit wurde diese Menge einmal durch den Körper gepumpt? Lies ab.
c) Gib die Geradengleichung an.
d) Stimmt der Vergleich mit dem Tankwagen?

18 Gib jeweils die Funktionsgleichung und den Schnittpunkt mit der x-Achse an.
Erfinde zu einer Geraden eine Realsituation. Vergleicht eure Ideen untereinander.

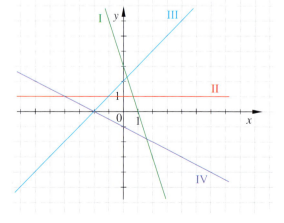

Methode: Funktionen untersuchen mit einem Funktionenplotter

Ein **Funktionenplotter** ist ein Computerprogramm, das Graphen von Funktionen zeichnen kann. Wenn man viele Funktionsgraphen zeichnen muss, ermöglicht einem ein Funktionenplotter einen schnellen Überblick über den Verlauf der Graphen.

Im Internet gibt es kostenlose dynamische Mathematik-Software. Darunter sind auch Programme, mit denen man sowohl geometrische Objekte als auch Funktionen zeichnen kann.

Im **Eingabefenster** werden Objekte, wie z. B. Funktionen in der Form $f(x) = mx + n$ eingegeben. Es ist auch möglich, eine Gerade zu definieren als $g: y = mx + n$. Die eingegebenen Objekte werden in einem **Grafikfenster** gezeichnet.

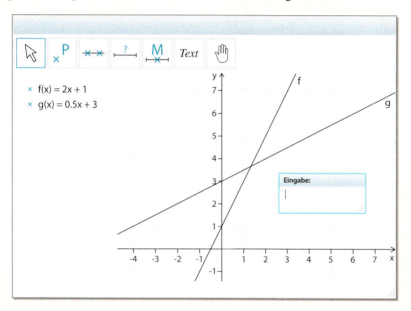

BEACHTE
Das Komma bei einer Dezimalzahl gibt man häufig als Punkt ein, z. B. 0.5.

1 Zeichne die Funktionen mit einem Funktionenplotter.
a) $f(x) = 3x + 4$
b) $g(x) = -2x + 5$
c) $h(x) = \frac{1}{3}x - 2$

2 Zeichne und finde eine Gleichung einer linearen Funktion, die durch die beiden angegebenen Punkte geht. Überprüfe mit Hilfe des Funktionenplotters.
a) $P(0|3), Q(6|0)$
b) $R(1|2), S(3|6)$
c) $A(-2|0), B(4|-3)$

3 Zeichne das Bild rechts mit einem Funktionenplotter nach.

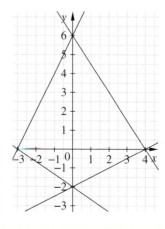

Lineare Funktionen

Vermischte Übungen

BEACHTE
Die Lösungen zu Aufgabe 1 ergeben in der richtigen Reihenfolge den Namen eines Landes. Auf welchem Kontinent liegt dieses Land?
4 (A); 7 (G); 8 (I); 10 (N); 20 (T); 28 (I); 48 (R); 70 (E); 100 (N); 150 (E); 200 (N)

1 Berechne die fehlenden Werte. Die Zuordnungen sind proportional.

a)
x	1	2		6	
y	8	16	32		56

b)
x	100			250	350
y	8	12	16		

c)
x	2	7		14	20
y		35	40		

2 Jenny braucht für die 3 km lange Strecke zur Schule mit dem Fahrrad 15 Minuten.
a) Bis zu ihrer Praktikumsstelle sind es 8 km. Wie lange braucht sie bei gleicher Geschwindigkeit bis dort?
b) Wie weit fährt sie in 25 Minuten bei gleicher Geschwindigkeit?

3 Tims kleine Schwester spart für ein Kuscheltier. Sie hat 3 €. Jede Woche bekommt sie 2 € Taschengeld.
a) Fülle die Wertetabelle im Heft aus.

Anz. Monate	0	1	2	3	4	5
Betrag (in €)						

b) Zeichne den Graphen der Funktion.
c) Welche der folgenden Funktionsgleichungen passt dazu? Begründe.
① $f(x) = 4x + 1$ ② $f(x) = 4x - 1$
③ $f(x) = 2x + 3$ ④ $f(x) = 3x + 2$

4 ➡ Entscheide, ob es sich um lineare Funktionen handelt. Begründe.

a)
x	−3	−2	−1	0	1	2	3
y	29	22	15	8	1	−6	−13

b)
x	−3	−2	−1	0	1	2	3
y	9	4	1	0	1	4	9

c)
x	−15	−10	−5	0	5	10	15
y	−50	−35	−20	−5	10	25	40

5 Eine dünne Kerze brennt ab.

Zeit	0 min	10 min	20 min	30 min
Höhe	12 cm	10 cm	8 cm	6 cm

a) Wie hoch war die Kerze zu Beginn?
b) Nach wie viel Minuten ist die Kerze ganz abgebrannt?
c) Welche dieser Funktionsgleichungen passt zu der Situation?
① $f(x) = 2x + 12$ ② $f(x) = 12x - 2$
③ $f(x) = 12 - x$ ④ $f(x) = 12 - 0{,}2x$

6 Ergänze den Lückentext für die folgende Situation im Heft:
Der Mietpreis für einen Umzugslaster beträgt 80 €. Pro gefahrenem Kilometer müssen 0,25 € gezahlt werden.
– Wenn die x-Werte um 1 erhöht werden, dann erhöhen sich die y-Werte jeweils um 0,25. Also ist die Funktion __.
– Die Steigung der Funktion ist m = __.
– Der Grundpreis liegt bei 80 €, daher ist n = __. Die Gerade schneidet also die y-Achse bei P(__ | __).
– Die Funktionsgleichung lautet:
$y = f(x) =$ __ $x +$ __.

7 Welche der Geraden steigen?
a) $y = \frac{1}{3}x$ b) $y = 2x$
c) $y = -3x$ d) $y = \frac{5}{4}x$
e) $y = -2x + 1$ f) $y = 0{,}5x$
g) $y = 0{,}01x - 8$ h) $y = -8x + 12$

8 Ordne die Geraden nach ihrer Steigung. Beginne mit derjenigen, die am wenigsten steil ansteigt.
a) $y = 2x$ b) $y = 1{,}5x$
c) $y = \frac{2}{3}x$ d) $y = 4x$
e) $y = 172x + 2$ f) $y = 0{,}2x$

9 Durch die Gleichung $y = 2x - 3$ wird eine lineare Funktion beschrieben. Vervollständige die Wertetabelle im Heft und zeichne den Graphen in ein Koordinatensystem.

x	−3	−2	−1	0	1	2	3
y							

Vermischte Übungen

10 Bringe die Geradengleichung in die Form $y = mx + n$. Gib m und n an.
BEISPIEL
$2y - 6x = 8 \quad | +6x$
$2y = 6x + 8 \quad |:2$
$y = 3x + 4$
$m = 3; n = 4$

a) $3y - 5x = 3$ b) $2x + 3y = 15$
c) $3y - x = 12$ d) $x + y = 5$
e) $2x - y = -3$ f) $x - y = 4$

11 Eine Kerze hat eine Höhe von 14 cm. Nachdem sie 5 Stunden gebrannt hat, ist sie noch 10 cm lang.
Welche Brenndauer hat die Kerze insgesamt?

12 Dies ist der Graph einer Funktion.

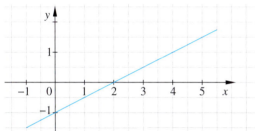

a) Gib die Steigung m und den y-Achsenabschnitt n an.
b) Gib die Funktionsgleichung an.
c) Erstelle eine Wertetabelle für $x = -5, -4, \ldots, 5$.

13 Bestimme die Gleichungen der Geraden. Lies zuerst auf der y-Achse den Wert für n ab.

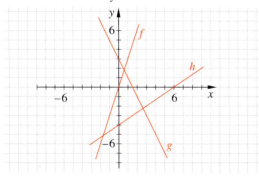

14 Zeichne eine Gerade durch die beiden Punkte. Gib eine Funktionsgleichung an. Gibt es mehrere Möglichkeiten? Begründe.
a) $P(1|4); Q(2|12)$ b) $P(1|4); Q(5|0)$
c) $P(-2|1); Q(2|-7)$ d) $P(3|6,5); Q(5|9,5)$

15 Zeichne mit Hilfe eines Steigungsdreiecks die passende Gerade.
a) $m = 3; n = 1$ b) $m = 2,5; n = 4$
c) $m = -2; n = -0,5$ d) $m = 1; n = -3,5$
e) $m = -1,5; n = 1,5$ f) $m = 1,8; n = 0$

16 Zeichne die Gerade: Markiere dazu den Schnittpunkt mit der y-Achse und zeichne von dort aus ein Steigungsdreieck.
a) $y = 2x + 1$ b) $y = 4x - 3$
c) $y = -\frac{4}{5}x + 2$ d) $y = -2x + 1$
e) $y = \frac{3}{4}x - 2$ f) $y = -\frac{1}{3}x - 1$

17 Zeichne die Gerade.
a) $y = \frac{1}{2}x + 2$ b) $y = \frac{3}{4}x + 1$
c) $y = -\frac{3}{4}x + 2$ d) $y = -\frac{4}{5}x - 3$
e) $y = 5x - 3$ f) $y = -3x + 3$

18 Auf Elinas Konto befinden sich 125 €. Jeden Monat überweisen ihre Eltern 25 €.
a) Fülle die Wertetabelle im Heft aus.

Anz. Monate	0	1	2	3	4	5
Betrag (in €)						

b) Zeichne den Graphen der Funktion.
c) Gib eine Funktionsgleichung an.
d) Wie viel Geld hat Elina nach einen halben Jahr, wenn sie kein Geld abhebt?
e) Elina möchte sich ein gebrauchtes Motorrad für 650 € kaufen. Wann hat sie das Geld zusammen?

19 Das Lager für die Lehrbücher zieht um. Ein Mathematikbuch wiegt 650 g, ein Umzugskarton 800 g.
a) Begründe, warum die Masse eines gefüllten Kartons durch eine lineare Funktion beschrieben werden kann.
b) Welche Gleichung passt zum Problem, $y = 650x + 800$ oder $y = 800x + 650$? Wofür stehen die Variablen?
c) Wie viel wiegt eine Kiste mit einem Klassensatz von 28 Büchern?
d) Ein Karton wiegt 16,4 kg. Wie viele Mathematikbücher enthält er?
e) Ein Gewicht von 30 kg pro Kiste darf nicht überschritten werden. Wie viele Bücher dürfen also in eine Kiste?

BEACHTE
Die Lösungen zu Aufgabe 10 ergeben in der richtigen Reihenfolge den Namen eines Landes. Auf welchem Kontinent liegt dieses Land?
$y = \frac{1}{3}x + 4$ (A);
$y = 2x + 3$ (D);
$y = \frac{5}{3}x + 1$ (R);
$y = -x + 5$ (N);
$y = -\frac{2}{3}x + 5$ (U);
$y = x - 4$ (A)

Lineare Funktionen

20 In einem quaderförmigen Becken steht das Wasser 2,2 m hoch. Der Wasserspiegel sinkt pro Stunde um 0,3 m.
a) Erstelle eine Wertetabelle und zeichne die Gerade in ein Koordinatensystem.
b) Gib eine Funktionsgleichung an, mit der man den Wasserstand berechnen kann.
c) Wie hoch steht das Wasser nach 3,5 h im Becken?
d) Nach welcher Zeit ist das Becken leer?

21 Die Stadtwerke verlangen pro m³ Wasser 1,60 €. Hinzu kommt ein Grundpreis von 35 € pro Jahr.
a) Stelle eine Funktionsgleichung auf.
b) Wie hoch wird die Rechnung bei einem Verbrauch von 125 m³?
c) Herr Simonis hat eine Rechnung über 203 € erhalten. Wie viel Wasser hat er verbraucht?

22 ▶ Mark und Kasim arbeiten in Handwerkerfirmen. Beide nehmen einen Stundensatz von 22 €. Bei Mark betragen die Anfahrtskosten 50 €, bei Kasim 75 €.
a) Wie verlaufen die Graphen der zugehörigen Kostenfunktionen zueinander? Zeichne sie in ein Koordinatensystem und gib die Funktionsgleichungen an.
b) Wie verlaufen die Graphen, wenn Mark und Kasim unterschiedliche Stundenlöhne, aber die gleichen Anfahrtskosten haben?

23 Zeichne die Punkte $A(2|5)$ und $B(3|7)$ in ein Koordinatensystem ein.
a) Zeichne eine Gerade durch die Punkte und gib die Funktionsgleichung an.
b) ▶ Erfinde eine Situation, die zu der Geradengleichung passt.

24 Ein Wassertank wird leer gepumpt. Nach 5 h befinden sich noch 54 m³ Wasser im Tank. Nach 15 h sind es noch 42 m³.
a) Wie viel m³ Wasser waren ursprünglich im Tank? Löse durch eine Zeichnung.
b) Wie lange dauert es, bis der Tank leer gepumpt ist?

25 Tim zahlt für eine Taxifahrt von 12 km 20,20 €. Gestern zahlte er für eine 8 km lange Fahrt 14,20 €.
a) Stelle die Situation zeichnerisch im Koordinatensystem dar. Auf der x-Achse stehen die gefahrenen Kilometer, auf der y-Achse der Preis in Euro.
b) Stelle die Funktionsgleichung auf.
c) Wie viel kostet eine 25 km lange Fahrt?

26 ▶ Taxi Weber verlangt 1,40 € pro gefahrenem Kilometer. Bei Taxi Reni zahlt man 2,50 € für die Anfahrt des Taxis und 1,30 € pro gefahrenem Kilometer.
a) Stelle für jedes Unternehmen eine Funktionsgleichung für die Fahrpreise auf.
b) Erstelle jeweils eine Wertetabelle. Wähle $x = 0$ km, 5 km, 10 km, …, 30 km.
c) Zeichne die Graphen zu beiden Gleichungen in dasselbe Koordinatensystem.
d) Ist eines der Taxiunternehmen günstiger? Begründe.
e) Bei welcher Streckenlänge sind die beiden Unternehmen gleich teuer?

27 Stephans Eltern wollen sich für einen Tag ein Auto leihen. Sie haben drei Fahrzeuge zur Auswahl:

Fahrzeug	Leihgebühr pro Tag (in €)	Preis für jeden km (in €)
Bunto	32,00	0,50
Corso	46,00	1,00
Mondeus	62,00	1,50

a) Stelle für jedes Fahrzeug eine Funktionsgleichung auf.
b) Zeichne alle drei Graphen in ein Koordinatensystem ein.
c) Wie viel müssen Stephans Eltern bezahlen, wenn sie einen Bunto leihen und damit 70 km fahren?
d) Wie viel müssen sie bezahlen, wenn sie mit einem Modeus 50 km fahren?
e) Wie weit können Stephans Eltern für 81 € mit einem Corsa fahren? Wie weit können sie dafür mit einem Bunto fahren?
f) Prüfe deine Ergebnisse, indem du die Werte an den Funktionsgraphen abliest.

Vermischte Übungen

28 Zeichne mit Hilfe der Wertetabelle die beiden Geraden in ein Koordinatensystem. Bestimme die Koordinaten des Schnittpunkts. Wo erkennst du den gemeinsamen Schnittpunkt in den Tabellen?

x	−3	−2	−1	0	1	2	3
$y = x + 3$	0	1	2	3	4	5	6

x	−3	−2	−1	0	1	2	3
$y = 2x + 2$	−4	−2	0	2	4	6	8

29 Ermittle die genauen Koordinaten des Schnittpunkts mit einem Funktionsplotter.

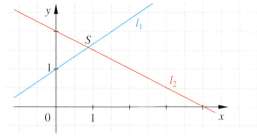

30 Zeichne die beiden Geraden und bestimme die Koordinaten des Schnittpunkts.
a) **I** $y = 10 - x$; **II** $y = 2x + 1$
b) **I** $y = -2x - 5$; **II** $y = x + 4$
c) **I** $y = 3x + 1$; **II** $y = x - 3$
d) **I** $y = 2x - 2$; **II** $y = -2x + 2$

31 Ein Rollerfahrer fährt um 11 Uhr ab mit einer Geschwindigkeit von 40 $\frac{km}{h}$. Um 12:30 Uhr fährt ein Motorradfahrer den gleichen Weg mit 60 $\frac{km}{h}$.

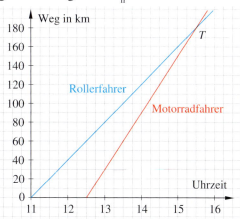

Wann holt der Motorradfahrer den Rollerfahrer ein? Wie weit ist dann jeder gefahren?

32 Zwei Kerzen werden zugleich angezündet.
Die eine Kerze ist 8 cm hoch und brennt pro Stunde 1 cm herunter.
Die andere Kerze ist 5 cm hoch und brennt pro Stunde 0,5 cm ab.
a) Ordne die Gleichungen $y_1 = -\frac{1}{2}x + 5$ und $y_2 = -x + 8$ den Kerzen zu.
b) Nach welcher Zeit sind beide Kerzen gleich hoch? Bestimme die Höhe.
c) Welche Kerze ist zuerst abgebrannt?

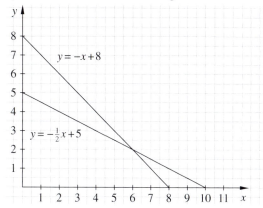

33 Zwei Aquarien werden gleichmäßig mit Wasser gefüllt.
Im ersten Aquarium steht das Wasser bereits 16 cm hoch.
Es steigt jede Minute um 1,5 cm.
Im anderen Aquarium steht das Wasser 20 cm hoch. Es steigt jede Minute um 0,7 cm an.

a) Nach wie viel Minuten sind beide Aquarien gleich hoch gefüllt?
b) Wie hoch steht das Wasser dann?
c) Welches Aquarium hat eine größere Grundfläche? Begründe.

BEACHTE
Die Lösungen zu Aufgabe 31 ergeben in der richtigen Reihenfolge den Namen eines Landes. Auf welchem Kontinent liegt dieses Land?
−5 (R); −3 (N); −2 (U); 0 (S); 1 (D); 1 (A); 3 (H); 7 (O)

Lineare Funktionen

Auf dem Vennbahnweg

Die Vennbahn ist eine ehemalige Bahnstrecke zwischen Aachen und St. Vith in Belgien. Heute führt ein Fahrradweg im alten Gleisbett durch die Eifel. Die Karte zeigt ein Teilstück des Vennbahnwegs.

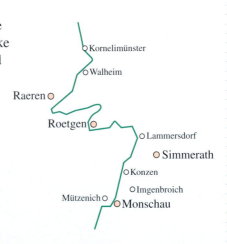
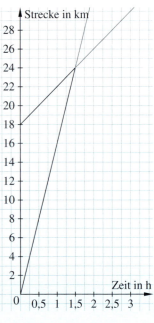

Emre wohnt in Kornelimünster.
Er startet um 9 Uhr mit dem Rad über den Vennbahnweg ins 24 km entfernte Monschau, um sich dort mit seinem Freund Elias zu treffen.
Elias nutzt den Vennbahnweg, um zu Fuß nach Monschau zu gelangen.
Er wohnt in einem kleinen Ort kurz vor Monschau.

a) Übertrage das Diagramm in dein Heft. Welche Gerade steht für welchen Jungen? Trage an die y-Achse an, wo Kornelimünster, Monschau und Elias' Wohnort liegen.

b) Woran erkennst du im Diagramm, dass beide Jungen zur selben Zeit starten?

c) Wie weit von Monschau entfernt liegt Elias' Heimatort?

d) Lies aus der Zeichnung ab, wie weit die beiden Jungen eine Stunde nach ihrem Aufbruch voneinander entfernt sind.

e) Gib die Koordinaten des Schnittpunkts der beiden Geraden an. Was bedeutet der Schnittpunkt für die Bewegungsgeschichte?

f) Bestimme die Durchschnittsgeschwindigkeit in $\frac{km}{h}$, mit der sich Emre und Elias jeweils bewegen.

g) Gib für die beiden Geraden Funktionsgleichungen in der Form $y = mx + n$ an. Notiere, wofür die Variablen x und y stehen.

h) Zeichne in deinem Heft den Graphen der linearen Funktion mit $y = -8x + 24$ in das Koordinatensystem ein. Erzähle dazu eine Geschichte von Ariane, deren Bewegung auf dem Vennbahnweg durch diese Funktion beschrieben wird.
Sowohl Emre als auch Elias begegnen Ariane. Wann finden diese Begegnungen ungefähr statt?

Alles klar?

Entscheide, ob die Aussagen richtig oder falsch sind.
Begründe deine Entscheidung im Heft und korrigiere gegebenenfalls.

1 Proportionale Zuordnungen

a) Führt eine Verdopplung des x-Werts auch zu einer Verdopplung des y-Wertes, so ist die Zuordnung proportional.
b) Das Diagramm stellt eine proportionale Zuordnung dar.
c) Jede proportionale Zuordnung stellt eine lineare Funktion dar.
d) Die Zuordnung *Alter einer Person* → *Gewicht* ist eine proportionale Zuordnung.

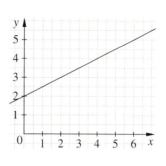

2 Lineare Funktionen erkennen und darstellen

a) Die Gleichung $y = 0{,}9\,x + 5$ stellt eine lineare Funktion dar.
b) Der Faktor vor dem x in der Funktionsgleichung $y = 2x - 8$ gibt an, an welcher Stelle der Graph die y-Achse schneidet.
c) Der Graph der Funktion mit der Gleichung $y = 0{,}1\,x - 3$ ist eine fallende Gerade.
d) Der Graph der Funktion mit der Gleichung $y = \frac{3}{5}x$ geht durch den Ursprung.
e) Eine Schnecke kriecht mit einer Geschwindigkeit von 70 cm pro Stunde einen Baum hoch. Sie startet auf einer Höhe von 1 m. Diese Situation kann beschrieben werden durch die Funktionsgleichung $y = 0{,}7\,x + 1$.

3 Graphen mit einem Steigungsdreieck zeichnen

a) Um die Gerade zu $y = 2x - 3$ zu zeichnen, markiert man den Punkt $P(0|3)$ auf der y-Achse und geht von dort eine Einheit nach rechts und 2 Einheiten nach oben. Den so erhaltenen Punkt $Q(1|2)$ verbindet man mit P.
b) Das Schaubild in Aufgabe 1 zeigt die Gerade zu $y = 2x + 2$.
c) Eine Gerade mit der Steigung $\frac{3}{2}$ steigt steiler an als eine Gerade mit der Steigung $\frac{3}{4}$.

BEACHTE

Die Lösungen zu den Aufgaben auf dieser Seite sowie dazu passende Trainingsaufgaben findest du ab Seite 144.

Lineare Funktionen

Zusammenfassung

→ Seite 8

Proportionale Zuordnungen

Ändern sich zwei Größen im gleichen Verhältnis zueinander, dann handelt es sich um eine **proportionale Zuordnung**.

Der Graph einer proportionalen Zuordnung ist eine Halbgerade, die in (0|0) beginnt und eine positive Steigung hat.

Mit dem **Dreisatz-Schema** kann man weitere Werte berechnen.

Kauft man doppelt (dreimal, viermal) so viele Eiskugeln, so muss man doppelt (dreimal, viermal) so viel bezahlen.

	Anz. Kugeln	Preis (in €)
:3	3	2,7	:3
·5	1	0,9	·5
	5	4,5	

→ Seite 12

Lineare Funktionen erkennen und darstellen

Eine Zuordnung, bei der jedem x-Wert genau ein y-Wert zugeordnet wird, nennt man eine **Funktion**.

Eine Funktion kann man durch eine **Wertetabelle**, einen **Funktionsgraphen** oder eine **Funktionsgleichung** darstellen.

Eine Funktion mit der Funktionsgleichung $y = f(x) = mx + n$ heißt **lineare Funktion**.
m ist die Steigung der Funktion.
n nennt man den y-Achsenabschnitt.

x	-2	-1	0	1	2	3
y	$1\frac{1}{3}$	$2\frac{2}{3}$	2	$2\frac{1}{3}$	$2\frac{2}{3}$	3

Erhöht sich der x-Wert um 1 Einheit, so erhöht sich der y-Wert um $\frac{1}{3}$ Einheit, also ist $m = \frac{1}{3}$.

Für $x = 0$ ist $y = 2$, also ist $n = 2$.
Die Funktionsgleichung lautet
$y = f(x) = \frac{1}{3}x + 2$

→ Seite 18

Graphen mit einem Steigungsdreieck zeichnen

Mit Hilfe eines Steigungsdreiecks kann man Graphen von linearen Funktionen zeichnen.
Für zwei Punkte $P(x_1|y_1)$ und $Q(x_2|y_2)$ gilt:
Steigung $m = \frac{y_2 - y_1}{x_2 - x_1}$

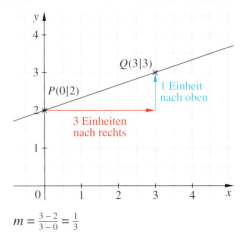

$m = \frac{3-2}{3-0} = \frac{1}{3}$

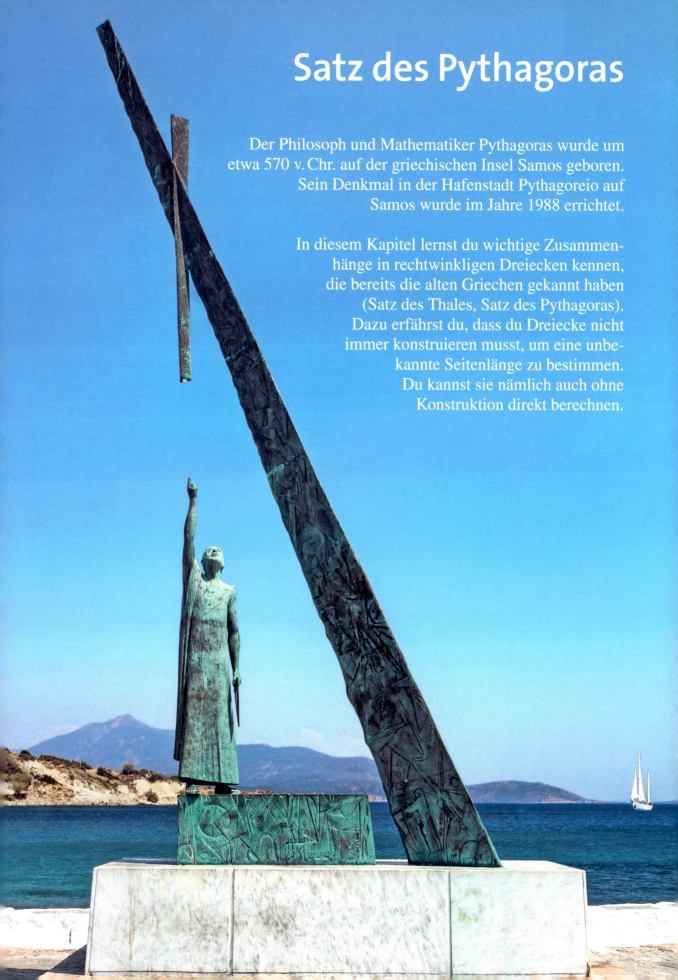

Satz des Pythagoras

Der Philosoph und Mathematiker Pythagoras wurde um etwa 570 v. Chr. auf der griechischen Insel Samos geboren. Sein Denkmal in der Hafenstadt Pythagoreio auf Samos wurde im Jahre 1988 errichtet.

In diesem Kapitel lernst du wichtige Zusammenhänge in rechtwinkligen Dreiecken kennen, die bereits die alten Griechen gekannt haben (Satz des Thales, Satz des Pythagoras). Dazu erfährst du, dass du Dreiecke nicht immer konstruieren musst, um eine unbekannte Seitenlänge zu bestimmen. Du kannst sie nämlich auch ohne Konstruktion direkt berechnen.

Satz des Pythagoras

Noch fit?

1 Berechne die Flächeninhalte der Rechtecke.

a) $a = 13\,\text{m}$, $b = 2\,\text{m}$
b) $a = 5\,\text{cm}$
c) $c = 1{,}2\,\text{dm}$, $d = 8{,}3\,\text{dm}$
d) $e = 12{,}3\,\text{m}$, $f = 4{,}9\,\text{m}$

2 Gib an, was du dir unter folgender Größe vorstellst.
BEISPIEL 1 cm² entspricht etwa der Größe eines Daumennagels.
a) 1 mm² b) 1 cm² c) 1 dm² d) 1 m² e) 1 ha

3 Schreibe in der Einheit, die in Klammern steht.
a) 3021 m² (dm²)   b) 1200 cm² (dm²)   c) 79,77 dm² (m²)   d) 70 mm² (cm²)
e) 7,5 m² (cm²)   f) 0,12 cm² (mm²)   g) 4 km² (ha)   h) 1,3 km² (m²)

↻ 030-1
Hier gibt es die Tabellen von Aufgabe 4 und 5 zum Ausdrucken und Ausfüllen.

4 Fülle die Tabelle aus und gib das Ergebnis in der kleineren Einheit an.

a)
+	6000 km	45 cm	36 dm
3 m			
0,098 km			
825,5 m			
$\frac{2}{5}$ km			
906,1 dm			

b)
+	45 cm²	5,1 dm²	7,2 m²
1,5 dm²			
400 cm²			
1,2 m²			
$\frac{1}{4}$ m²			
3,5 m²			

5 Übertrage die Tabelle in dein Heft. Berechne die Werte der Terme.

a)
a	$11a$	$5a + 6a$
8		
11		
−1,5		

b)
a	b	ab	$5ab$	$2ab + 3ab$
13	10			
5	1,7			
−5	3,5			

6 Löse die Gleichungen.
a) $8{,}5 + x = 13$ b) $x - 2{,}7 = 5$ c) $5x + 4 = 49$ d) $6x - 5 = 43$
e) $4x + 3 = 2x + 19$ f) $11x - 5 = 7x + 47$ g) $\frac{x}{3} = 7{,}5$ h) $8 + \frac{x}{5} = 18$

Bunt gemischt

1. Setze zwei Klammernpaare so, dass das Ergebnis 3192 ist: $45 + 12 \cdot 16 - 8 \cdot 7$
2. Eine Miete von 419 € wird um 9 % erhöht. Wie viel Euro beträgt die Erhöhung?
3. Löse nach x auf: $6x + b = c$
4. Das Dreifache und das Fünffache einer Zahl ergeben zusammen 184. Wie heißt die Zahl?

Dreiecke (Wiederholung)

Erforschen und Entdecken

1 In Dachstühlen entstehen durch viele Balken Dreiecke und damit ein stabiles Gerüst.
Zeichne den Dachstuhl einer Lagerhalle vergrößert ins Heft.
Finde möglichst viele Dreiecke und benenne sie nach Seiten und nach Winkeln.

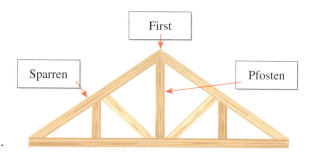

2 Arbeitet in Gruppen zu dritt oder viert. Erinnert euch oder sammelt z. B. mit Hilfe einer Formelsammlung Informationen über Dreiecke. Behandelt folgende Themen:

Benennung der Eckpunkte, der Seiten und der Winkel	Dreiecksarten nach Seiten und nach Winkeln	Innenwinkelsumme

Erstellt zu euren Ergebnissen ein Plakat (Mindmap, Begriffsnetz, …).
Klebt zu jeder Dreiecksart ein selbst gezeichnetes Dreieck auf.

3 Zwischen zwei Bäumen A und B soll die Entfernung gemessen werden. Doch leider befindet sich dort ein Teil des Schulgebäudes. Deshalb wird von einem dritten Punkt C aus jeweils die Entfernung zu Punkt B und zu Punkt A gemessen. Außerdem wird der Winkel bestimmt, unter dem die beiden Punkte von C aus angepeilt werden.

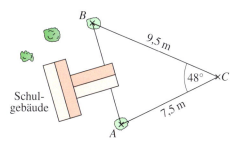

a) Skizziere die Planfigur. Markiere die gegebenen Stücke farbig.
b) Konstruiere das Dreieck im Maßstab 1 : 100.
c) Gib die wirkliche Länge der Entfernung zwischen den Bäumen an.

4 Beschreibe die Konstruktion anhand der Bildserie.
a) Konstruktion eines Dreiecks aus zwei Seiten und dem eingeschlossenen Winkel
gegeben: $\overline{BC} = a = 3{,}5\,\text{cm}$
$\overline{AC} = b = 5\,\text{cm}$
$\gamma = 105°$

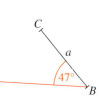
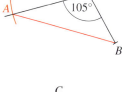

b) Konstruktion eines Dreiecks aus einer Seite und den beiden anliegenden Winkeln
gegeben: $\overline{BC} = a = 4{,}3\,\text{cm}$
$\beta = 47°$
$\gamma = 70°$

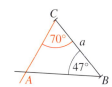

Satz des Pythagoras

Lesen und Verstehen

Dreiecke kann man nach ihren Eigenschaften in verschiedene Dreiecksarten unterteilen.

BEACHTE
Nach der Dreiecksungleichung ist in jedem Dreieck die Summe der Längen der beiden kürzeren Seiten größer als die Länge der längsten Seite.

Einteilung der Dreiecke nach den Seiten

Unregelmäßige Dreiecke haben drei verschieden lange Seiten.

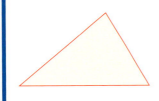

Gleichschenklige Dreiecke haben zwei gleich lange Seiten.

Gleichseitige Dreiecke haben drei gleich lange Seiten.

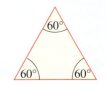

Alle Winkel sind gleich groß.

BEACHTE
Die Summe der Innenwinkel im Dreieck beträgt immer 180°.

Einteilung der Dreiecke nach den Winkeln

Spitzwinklige Dreiecke haben drei spitze Winkel.

Rechtwinklige Dreiecke haben einen rechten Winkel.

Stumpfwinklige Dreiecke haben einen stumpfen Winkel.

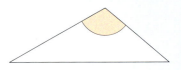

Bei der Konstruktion von Dreiecken, von denen drei Angaben bekannt sind, gibt es folgende Möglichkeiten:

drei Winkel, keine Seite (WWW)	eine Seite und zwei Winkel (WSW) (SWW)		zwei Seiten und ein Winkel (SWS) (SsW)		drei Seiten, kein Winkel (SSS)
nicht eindeutig konstruierbar	Wenn zwei Dreiecke in einer Seite und den anliegenden Winkeln übereinstimmen, so sind sie zueinander kongruent.	Wenn zwei Dreiecke in einer Seite und zwei Winkeln übereinstimmen, so sind sie zueinander kongruent. (Dritter Winkel kann berechnet werden.)	Wenn zwei Dreiecke in zwei Seiten und dem eingeschlossenen Winkel übereinstimmen, so sind sie zueinander kongruent.	Wenn zwei Dreiecke in zwei Seiten und dem der längeren Seite gegenüberliegenden Winkel übereinstimmen, so sind sie zueinander kongruent.	Wenn zwei Dreiecke in drei Seiten übereinstimmen, so sind sie zueinander kongruent.

Dreiecke (Wiederholung)

Basisaufgaben

1 Zu welchem Kongruenzsatz passt die Planfigur?

a)
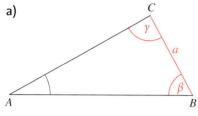

b)
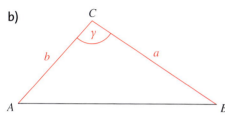

c)
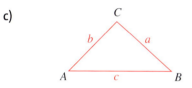

d)
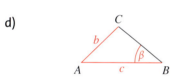

e) Beschreibe, wann sich das Dreieck in d) eindeutig konstruieren lässt.

2 Skizziere eine Planfigur und markiere die bekannten Größen farbig.
Gib den passenden Kongruenzsatz an.
Konstruiere. Miss und notiere auch die fehlenden Seitenlängen und Winkelgrößen.
Gib die Art des konstruierten Dreiecks an.
a) $a = 4,5$ cm; $b = 7,8$ cm; $c = 8$ cm
b) $a = 4$ cm; $b = 11,2$ cm; $c = 8$ cm
c) $a = 5,2$ cm; $b = 8$ cm; $c = 9,6$ cm
d) $a = 8,5$ cm; $\beta = 52°$; $c = 9,5$ cm
e) $b = 5,1$ cm; $\alpha = 28°$; $c = 10,8$ cm
f) $b = 4$ cm; $\gamma = 115°$; $a = 8,5$ cm
g) $\alpha = 52°$; $c = 11$ cm; $\beta = 52°$
h) $\beta = 35°$; $a = 9,8$ cm; $\gamma = 55°$
i) $\gamma = 74°$; $b = 4,3$ cm; $\alpha = 30°$
j) $b = 7,4$ cm; $c = 4$ cm; $\beta = 103°$
k) $a = 5$ cm; $c = 8$ cm; $\gamma = 84°$
l) $b = 4$ cm; $a = 5,9$ cm; $\alpha = 45°$

3 Für ein Dreieck ist $a = 3,2$ cm; $b = 4,5$ cm und $\beta = 55°$.
Elena beschreibt ihre Konstruktion so:
① Zeichne die Strecke $\overline{BC}$ mit der Länge a.
② Trage an den Strahl $\overrightarrow{BC}$ im Punkt B den Winkel β an.
③ Zeichne einen Kreis um C mit dem Radius b. Der Kreis schneidet den freien Schenkel von β in A.
④ Verbinde A und C.
a) Führe Elenas Konstruktion aus.
b) Luca meint, das Dreieck lässt sich auch konstruieren, wenn man mit dem Winkel β beginnt. Schreibe dazu eine Konstruktionsbeschreibung.
c) Elena beginnt mit der Seite a, Luca mit dem Winkel β. Kann man auch mit Seite b beginnen? Begründe.

4 Begründe, warum sich das Dreieck ABC nicht konstruieren lässt.
a) $a = 9,0$ cm; $\alpha = 83°$; $\beta = 107°$
b) $a = 8,1$ cm; $b = 4,5$ cm; $c = 3,4$ cm
c) $b = 10,8$ cm; $\beta = 88°$; $\gamma = 98°$
d) $a = 6,3$ cm; $b = 2,4$ cm; $c = 8,9$ cm
e) $a = 4,7$ cm; $b = 11,0$ cm; $c = 5,8$ cm
f) $a = 4,3$ cm; $b = 6,2$ cm; $\alpha = 95°$
g) $b = 5,2$ cm; $\beta = 92°$; $\gamma = 96°$

↻ 033-1
Hier findest du eine interaktive Übung zur Konstruierbarkeit von Dreiecken.

5 Lies die Konstruktionsbeschreibung:
– Zeichne eine Strecke $\overline{AB} = 7,5$ cm.
– Trage an $\overline{AB}$ in A den Winkel $\alpha = 56°$ an.
– Zeichne um A einen Kreisbogen mit dem Radius 3,9 cm. Benenne den Schnittpunkt mit dem freien Schenkel von α mit D.
– Trage an die Strecke $\overline{AB}$ im Punkt B den Winkel $\beta = 124°$ an.
– Zeichne um B einen Kreisbogen mit dem Radius 3,9 cm. Benenne den Schnittpunkt mit dem freien Schenkel von β mit C.
– Verbinde C mit D.
a) Führe die Konstruktion aus.
b) Welche Viereckart liegt für $ABCD$ vor? Begründe.
c) Verbinde B mit D. Sind die beiden entstandenen Dreiecke kongruent? Begründe.

33

Satz des Pythagoras

Weiterführende Aufgaben

6 Von einem Dreieck ABC sind die Seiten $a = 4$ cm und $c = 3$ cm gegeben.
a) Gib drei mögliche Seitenlängen für b (in cm) an.
b) Gib drei Längen für b an, die nicht möglich sind.

7 Skizziere zunächst eine Planfigur und konstruiere dann.
Entscheide, ob die Konstruktion ausführbar ist und ob sie sogar eindeutig ausführbar ist.
a) Dreieck ABC mit $c = 5$ cm und $\alpha = 40°$
b) Rechteck $ABCD$ mit der Diagonalen $\overline{AC} = 4{,}0$ cm
c) Dreieck ABC mit $a = 4{,}5$ cm; $\beta = 80°$ und $\gamma = 100°$
d) Dreieck ABC mit $a = 5$ cm; $b = 2{,}5$ cm und $c = 1{,}4$ cm
e) gleichschenkliges Dreieck mit einem rechten Winkel an der Spitze
f) gleichseitiges Dreieck mit der Seitenlänge $a = 4{,}5$ cm

8 Ein Dreieck ABC soll konstruiert werden. Man kennt c, α und γ.
a) Schreibe eine Konstruktionsbeschreibung.
b) Konstruiere das Dreieck ABC mit $c = 6{,}5$ cm, $\alpha = 65°$ und $\gamma = 70°$.

9 Konstruiere das Dreieck ABC.
Gib vorher an, ob ein Dreieck oder zwei Dreiecke entstehen.
a) $b = 4{,}5$ cm; $c = 6{,}0$ cm; $\gamma = 50°$
b) $a = 7{,}0$ cm; $b = 5{,}4$ cm; $\beta = 35°$
c) $a = 4{,}0$ cm; $c = 6{,}0$ cm; $\alpha = 38°$
d) $b = 8{,}0$ cm; $c = 3{,}8$ cm; $\beta = 140°$

10 Eine 4,5 m lange Leiter wird so gegen eine Hauswand gelehnt, dass sie unten 1,8 m von der Mauer absteht.
Wie hoch reicht die Leiter hinauf?
a) Zeichne eine Planfigur und beschrifte sie mit A, B, C und a, b, c.
b) Trage die bekannten Größen farbig ein: gegeben: $b = 4{,}5$ m; $c = 1{,}8$ m; $\beta = 90°$
c) Welche Größe ist gesucht?
d) Konstruiere und miss die gesuchte Größe.

11 Ein Sendemast, der 52 m hoch ist, wirft einen 90 m langen Schatten. Bestimme die Größe des Winkels, unter dem die Sonnenstrahlen auf den Boden treffen. Skizziere zuerst. Konstruiere dann.

12 Bei sonnigem Wetter treffen die Sonnenstrahlen unter einem Winkel von 75° auf den Boden auf.
Ein Leitungsmast wirft einen Schatten von 16 m Länge.
Wie hoch ist der Leitungsmast?

13 Durch einen Berg soll ein Tunnel gebaut werden. Die Tunneleingänge werden vom Punkt A unter einem Winkel $\alpha = 43°$ angepeilt. Die Entfernungen zu den Eingängen werden vermessen: $\overline{AC} = 4{,}8$ km und $\overline{AB} = 7{,}2$ km.
Konstruiere in einem geeigneten Maßstab und gib die Länge des Tunnels an.

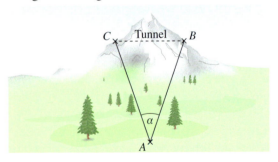

14 Von der Aussichtsplattform eines 24 m hohen Turms erscheint die andere Seite des Ufers unter einem „Tiefenwinkel" von 18°. Vom Turm bis zum Ufer des Flusses sind es 13 m. Wie breit ist der Fluss?

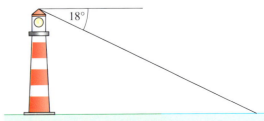

Quadratzahlen und Quadratwurzeln

Erforschen und Entdecken

1 Im Praktikum legen Schüler für den benachbarten Kindergarten zwei quadratische Sandkästen an. Die Seitenlänge des kleineren beträgt 2 m. Der zweite Sandkasten soll doppelt so groß werden wie der erste.
Dafür stecken die Schüler ein Quadrat mit einer Seitenlänge von 4 m ab.

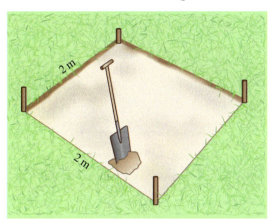
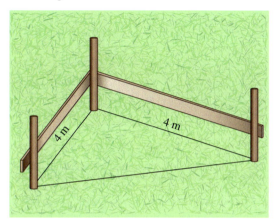

a) Zeichne beide Quadrate im Maßstab 1 : 50 in dein Heft.
b) Welche Zusammenhänge bestehen zwischen den Größen der beiden Sandkästen? Nutze zur Erklärung folgende Begriffe:

| Seitenlänge | Flächeninhalt | doppelt so groß | viermal so groß |

BEACHTE
Maßstab 1 : 50 heißt: 1 cm im Heft steht für 50 cm in der Wirklichkeit.

c) Der Flächeninhalt des zweiten Sandkastens soll doppelt so groß sein wie der des ersten. Finde durch Probieren heraus, wie lang die Seiten des zweiten Sandkastens sein müssen.

2 Eine rechteckige Rasenfläche ist 16 m breit und 4 m lang.
a) Wie groß müsste die Seitenlänge einer quadratischen Rasenfläche sein, wenn sie denselben Flächeninhalt wie die rechteckige haben soll?
b) Übertrage die Tabelle in dein Heft. Bestimme dann die Seitenlängen der Quadrate, deren Flächeninhalte angegeben sind.

Flächeninhalt	25 m²	9 m²	81 m²	1 m²	400 m²	1600 m²
Seitenlänge						

c) Zeichne die ersten vier Quadrate im Maßstab 1 : 100 in dein Heft.

3 Die Zahlen aus dem gelben Kasten kann man den Zahlen aus dem blauen Kasten nach einer bestimmten Vorschrift zuordnen. Erkennst du die Zuordnungsvorschrift? Notiere sie.
Achtung, einige Zahlen können nicht zugeordnet werden, es fehlt der Partner. Ergänze die fehlenden Zahlen.

Gelber Kasten: 0,3   5   1,4   17 $\frac{1}{10}$ 19   2,5   13   12   −16   −5   0,4 $\frac{4}{9}$

Blauer Kasten: 0,09   0,04   1,96   289   25   400 $\frac{1}{100}$ 6,25   144   0,16   0   −25

Satz des Pythagoras

Lesen und Verstehen

BEACHTE
Das Wort „Kalkül" oder „kalkulieren" für Berechnung stammt aus dem lateinischen calculus und bedeutet Kieselstein.

Die Pythagoräer waren die Anhänger des Philosophen und Mathematikers Pythagoras. Sie lebten im 6. Jahrhundert vor Christus in Süditalien und spielten bei der Entwicklung der Mathematik eine Vorreiterrolle.
Zum Beispiel legten sie mit Kieselsteinen regelmäßige Figuren, wie z. B. Dreiecke, Quadrate und Fünfecke. Aus diesen Figuren leiteten sie viele mathematische Beziehungen her.

    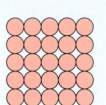 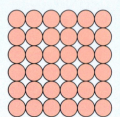

Dabei stellten sie sich beispielsweise solche Fragen:
Aus wie vielen Plättchen besteht jede Figur insgesamt?
Wie viele Plättchen werden für die nächste Figur benötigt?

Man **quadriert** eine Zahl a, indem man sie mit sich selbst multipliziert.
$a \cdot a = a^2$

BEISPIEL 1
Im nächsten Quadrat liegen 7 Steine in einer Reihe. Wie viele Steine braucht man dafür?
Man schreibt: 7^2
Man rechnet: $7^2 = 7 \cdot 7 = 49$
Die **Quadratzahl** von 7 ist 49.
Das nächste Quadrat besteht aus 49 Steinen.

Die Umkehrung des Quadrierens nennt man Quadratwurzelziehen bzw. **Wurzelziehen**.

Die Quadratwurzel (oder kurz Wurzel) einer **positiven** Zahl a ist die **positive** Zahl, die mit sich selbst multipliziert a ergibt.

Sie wird mit $\sqrt{a}$ bezeichnet.

Quadratwurzel
$\sqrt{64} = 8$ ← Wert der Quadratwurzel
↑
Radikand (darf nicht negativ sein)

BEISPIEL 2
Ein Quadrat soll aus 121 Steinen bestehen. Wie viele Steine braucht man für eine Reihe?
Man schreibt: $\sqrt{121}$
Man rechnet: $\sqrt{121} = 11$,
denn $11 \cdot 11$ ist 121.
Man liest: Die Wurzel aus 121 ist 11.
In einer Reihe müssen 11 Steine liegen.

Im Taschenrechner tippt man z. B.:
√ 6 4 =

Die Zahl −8 gilt nicht als Quadratwurzel aus 64, obwohl $(-8)^2 = 64$ ist.
Die Wurzel ist immer positiv.

Aus negativen Zahlen kann man keine Quadratwurzel ziehen.

BEISPIEL 3
$\sqrt{-25}$ ist nicht lösbar.

Basisaufgaben

1 Berechne den Flächeninhalt des Quadrats.
a) $a = 1\,\text{cm}$
b) $a = 4\,\text{cm}$
c) $a = 8\,\text{dm}$
d) $a = 13\,\text{m}$

2 Schreibe als Quadratzahl.
BEISPIEL $5 \cdot 5 = 5^2$
a) $9 \cdot 9$
b) $12 \cdot 12$
c) $21 \cdot 21$
d) $1{,}5 \cdot 1{,}5$

3 Quadriere.
BEISPIEL $3^2 = 3 \cdot 3 = 9$
a) 7^2
b) 12^2
c) 16^2
d) 50^2
e) 100^2

4 Quadriere die Zahlen von 0 bis 20 und präge dir die Ergebnisse ein. Lass dich von deinem Tischnachbarn abfragen.

5 Berechne und kontrolliere mit dem Taschenrechner.
a) 25^2
b) 50^2
c) 22^2
d) 55^2
e) 150^2
f) 250^2
g) 34^2
h) 102^2

6 Berechne. Was stellst du fest? Formuliere anschließend eine Regel.
a) $11^2 = \quad ; \quad 1{,}1^2 = \quad ; \quad 0{,}11^2 =$
b) $17^2 = \quad ; \quad 1{,}7^2 = \quad ; \quad 0{,}17^2 =$
c) $21^2 = \quad ; \quad 2{,}1^2 = \quad ; \quad 0{,}21^2 =$
d) $6^2 = \quad ; \quad 0{,}6^2 = \quad ; \quad 0{,}06^2 =$

7 Berechne. Beachte die Randspalte.
a) $\left(\frac{3}{4}\right)^2$
b) $\frac{3^2}{4^2}$
c) $\frac{3^2}{4}$
d) $\frac{3}{4^2}$
e) $\frac{1}{10^2}$
f) $\left(\frac{7}{8}\right)^2$
g) $\frac{5^2}{6^2}$
h) $\frac{11^2}{22^2}$

8 Quadriere. Beachte das Vorzeichen.
BEISPIEL $(-5)^2 = (-5) \cdot (-5) = 25$,
aber $-5^2 = -5 \cdot 5 = -25$
a) $(-2)^2$
b) $(-7)^2$
c) -12^2
d) $(-21)^2$
e) -2^2
f) $-1{,}3^2$
g) $-(0{,}4)^2$
h) $\left(-\frac{3}{4}\right)^2$

9 Finde und korrigiere den Fehler.
a) $60^2 = 360$
b) $0{,}8^2 = 6{,}4$
c) $-17^2 = 289$
d) $1{,}2^2 = 14{,}4$
e) $(-3)^2 = -9$
f) $0{,}2^2 = 0{,}4$

10 Berechne den Flächeninhalt einer quadratischen Fliese mit einer Kantenlänge von 15 cm. Gib an, wie viele Fliesen man für eine quadratische Terrasse von $15{,}21\,\text{m}^2$ braucht.

11 Zeichne das Quadrat mit dem angegebenen Flächeninhalt. Nutze den Taschenrechner, wenn nötig. Runde dann sinnvoll.
a) $4\,\text{cm}^2$
b) $25\,\text{cm}^2$
c) $64\,\text{cm}^2$
d) $8\,\text{cm}^2$
e) $24\,\text{cm}^2$
f) $79\,\text{cm}^2$

12 Prüfe, ob richtig gerechnet wurde, und korrigiere, wenn nötig.
BEISPIEL $\sqrt{25} = 5$, denn $5 \cdot 5 = 5^2 = 25$
a) $\sqrt{121} = 11$
b) $\sqrt{169} = 14$
c) $\sqrt{361} = 18$
d) $\sqrt{841} = 29$
e) $\sqrt{1225} = 25$
f) $\sqrt{0} = 1$

13 Bestimme die Quadratwurzel.
a) $\sqrt{16}$
b) $\sqrt{49}$
c) $\sqrt{169}$
d) $\sqrt{361}$
e) $\sqrt{625}$
f) $\sqrt{441}$
g) $\sqrt{900}$
h) $\sqrt{2500}$

14 Ordne die Endziffern zu.

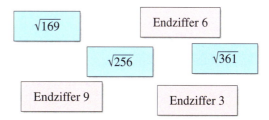

15 Berechne. Was stellst du fest? Formuliere anschließend eine Regel.
a) $\sqrt{400}$; $\sqrt{4}$; $\sqrt{0{,}04}$; $\sqrt{0{,}0004}$
b) $\sqrt{900}$; $\sqrt{9}$; $\sqrt{0{,}09}$; $\sqrt{0{,}0009}$
c) $\sqrt{1600}$; $\sqrt{16}$; $\sqrt{0{,}16}$; $\sqrt{0{,}0016}$

16 Gib die fehlende Zahl an.
a) $\sqrt{0{,}09} = \quad$, denn $\quad^2 = 0{,}09$
b) $\sqrt{\quad} = 0{,}6$, denn $0{,}6^2 =$
c) $\sqrt{0{,}0081} = \quad$, denn $\quad^2 = 0{,}0081$
d) $\sqrt{\quad} = 1{,}3$, denn $1{,}3^2 =$

17 Berechne. Beachte die Randspalte.
a) $\sqrt{\frac{4}{9}}$; $\frac{\sqrt{4}}{9}$; $\frac{4}{\sqrt{9}}$
b) $\sqrt{\frac{4}{81}}$; $\sqrt{\frac{9}{625}}$; $\sqrt{\frac{81}{400}}$; $\sqrt{\frac{324}{361}}$

18 Eine $1\,\text{m}^2$ große Fläche wird mit 2500 quadratischen Steinen ausgelegt.
a) Welche Kantenlänge hat ein Stein?
b) Wie viele Steine benötigt man für eine Fläche von $72{,}75\,\text{m}^2$?
c) Kann diese Fläche ein Quadrat sein? Begründe.

BEACHTE
zu Aufgabe 7:
Quadriert man den Bruch $\frac{a}{b}$, so gilt:
$\left(\frac{a}{b}\right)^2 = \frac{a}{b} \cdot \frac{a}{b} = \frac{a^2}{b^2}$

BEISPIEL
$\left(\frac{4}{5}\right)^2 = \frac{4^2}{5^2} = \frac{16}{25}$

BEACHTE
zu Aufgabe 17:
Bei der Division von Quadratwurzeln gilt folgende Regel:
$\frac{\sqrt{a}}{\sqrt{b}} = \sqrt{\frac{a}{b}}$

BEISPIEL
$\frac{\sqrt{4}}{\sqrt{16}} = \sqrt{\frac{4}{16}}$

Satz des Pythagoras

Weiterführende Aufgaben

19 Berechne immer zuerst die Quadratzahl.
BEISPIEL $53 - 7^2 = 53 - 49 = 4$
a) $15 + 9^2$ b) $7 - 3^2$ c) $16 - 16^2$
d) $12^2 - 56$ e) $13^2 + 15^2$ f) $25^2 - 76 - 5^2$

20 Berechne mit dem Taschenrechner.
a) $-11{,}45^2$ b) $(-65{,}11)^2$
c) $-(-3{,}045)^2$ d) $-0{,}022^2$
e) $7{,}43^2 \cdot 6$ f) $2{,}8 \cdot 5{,}6^2$
g) $2{,}4^2 \cdot 5{,}6^2$ h) $(2{,}3 \cdot 8{,}7)^2$
i) $23{,}8^2 + 12{,}89$ j) $22{,}3^2 - 12{,}5^2$
k) $(15{,}1 + 67{,}9)^2$ l) $(3{,}7^2 - 1{,}2^2) \cdot 4{,}5$

BEACHTE
Die Lösungen zu Aufgabe 20 ergeben in der richtigen Reihenfolge den Namen eines Landes. Auf welchem Kontinent liegt dieses Land?
−131,1025 (G);
−9,272025 (I);
−0,000484 (E);
55,125 (D);
87,808 (H);
180,6336 (E);
331,2294 (C);
341,04 (A);
400,4001 (N);
579,33 (L);
4239,3121 (R);
6889 (N)

21 ▶ Überprüfe, ob die Additionsmauern richtig ausgefüllt sind.

a)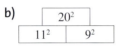
b)

22 ▶ Überprüfe, ob die Multiplikationsmauern richtig ausgefüllt sind.

a)
b)

23 Überprüfe an mindestens fünf Beispielen, ob die Aussage stimmt.

Die Quadratzahl einer natürlichen Zahl ist immer um 1 größer als das Produkt ihrer Nachbarzahlen.

24 Wie lang sind die Seiten eines Quadrats mit $16\,\text{cm}^2$ Flächeninhalt?
Justin behauptet:
„Es ist $4 \cdot 4 = 16$ und $(-4) \cdot (-4) = 16$. Also muss es zwei Lösungen geben, nämlich 4 und −4."
Elena antwortet:
„Es gibt kein Quadrat mit einer Seitenlänge, die kleiner als null ist. Die Seitenlänge kann nur die positive Lösung haben."
Wer hat Recht? Begründe.

25 Berechne im Kopf.
Welche Aufgaben haben keine Lösung? Begründe.
a) $\sqrt{16}$; $\sqrt{36}$; $\sqrt{361}$; $\sqrt{225}$; $\sqrt{81}$
b) $\sqrt{0}$; $\sqrt{1}$; $\sqrt{0{,}16}$; $\sqrt{0{,}0009}$; $\sqrt{3{,}24}$; $\sqrt{0{,}0625}$
c) $\sqrt{25}$; $\sqrt{-25}$; $-\sqrt{25}$; $-\sqrt{-25}$; $\sqrt{-(-25)}$

26 Schätze, wie groß die Wurzeln sind.
BEISPIEL $\sqrt{155}$ liegt zwischen $\sqrt{144}$ und $\sqrt{169}$, also ist $\sqrt{155} \approx 12{,}5$.
a) $\sqrt{13}$ b) $\sqrt{30}$ c) $\sqrt{41}$ d) $\sqrt{57}$
e) $\sqrt{68}$ f) $\sqrt{88}$ g) $\sqrt{135}$ h) $\sqrt{199}$

27 Ein Rechteck soll in ein flächengleiches Quadrat umgewandelt werden.
Welche Seitenlänge hat das Quadrat?
Achte auf gleiche Einheiten.
a) $a = 24\,\text{m}$; $b = 6\,\text{m}$
b) $a = 700\,\text{cm}$; $b = 28\,\text{m}$
c) $a = 30{,}25\,\text{cm}$; $b = 1{,}6\,\text{dm}$

28 Berechne mit dem Taschenrechner.
Runde die Ergebnisse auf zwei Stellen nach dem Komma.
a) $\sqrt{3{,}1}$ b) $\sqrt{21}$
c) $\sqrt{0{,}045}$ d) $\sqrt{300}$
e) $\sqrt{3{,}69} \cdot 1{,}45$ f) $7{,}59 \cdot \sqrt{2{,}67}$
g) $431{,}9 + \sqrt{7394{,}1}$ h) $\sqrt{8{,}9} - \sqrt{1{,}8}$
i) $\sqrt{2{,}9} \cdot \sqrt{3{,}1}$ j) $\sqrt{0{,}3} + \sqrt{1{,}8}$
k) $\sqrt{8{,}4} - \sqrt{2{,}3}$ l) $\sqrt{1{,}94} + 2{,}6$

29 Ein Quadrat hat eine Seitenlänge von 6 cm. Verdopple (verdreifache, halbiere) die Seitenlänge. Vergleiche jeweils Umfang und Flächeninhalt.

30 Auf das Wievielfache wächst der Flächeninhalt eines Quadrats, wenn man seine Seitenlänge vervierfacht?

31 ▶ Beantworte durch das Finden von Beispielen und Gegenbeispielen:
Welche Zahlen ergeben beim Quadrieren …
a) eine größere Zahl?
b) eine kleinere Zahl?
c) dieselbe Zahl?
d) eine negative Zahl?

Der Satz des Pythagoras

■ Der Satz des Pythagoras

Erforschen und Entdecken

1 Ist es möglich, zwei Quadrate durch Zerlegen und Zusammensetzen zu einem größeren Quadrat zu vereinigen? Das große Quadrat soll den gleichen Flächeninhalt haben wie die beiden kleinen Quadrate zusammen.
Probiere es aus. Du brauchst zwei gleich große, verschiedenfarbige, quadratische Zettel aus einer Zettelbox.

  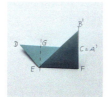 

| Falte Ecke *A* auf *C*. Du erhältst ein rechtwinkliges Dreieck. | Falte Ecke *B* senkrecht nach oben. Die Lage der Faltlinie $\overline{EF}$ ist beliebig. | Falte die Kante $\overline{DE}$ auf die Kante $\overline{EB'}$. $\overline{EG}$ und $\overline{CD}$ sind senkrecht zueinander. | Drehe die Figur um und falte im Rechteck *FEGC* die Diagonale $\overline{FG}$. | Falte auseinander. Markiere wie im Bild. Schneide entlang der Markierungen aus. |

Setze den zerschnittenen Zettel auf dem andersfarbigen Papier wieder zusammen. Entferne die beiden Quadrate.

Die vier Dreiecke können auch auf eine andere Art auf das Papier gelegt werden.

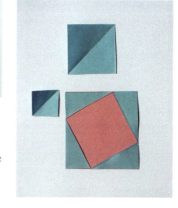

↻ 039-1
Ein Arbeitsblatt mit einem anderen „Beweis-Puzzle" gibt es unter diesem Webcode.

a) Welche Figuren entstanden beim Zerschneiden des ersten Zettels?
b) Vergleiche die roten Flächen. Begründe, warum die große rote Restfläche so groß ist wie die beiden kleinen roten Quadrate zusammen.

2 Dieses Modell ist in vielen Mathematik-Ausstellungen zu sehen. Es ist mit Sand gefüllt und man kann es umdrehen.

a) Beschreibe die drei Fotos.
Beginne so: „In der Mitte des Modells befindet sich ein ▬ Dreieck. An jeder Seite des Dreiecks liegt ein ▬ an. Auf dem ersten Bild befindet sich das ▬ Quadrat unten. Es ist vollständig mit ▬ gefüllt. …"
b) Was kannst du über die Größe der kleinen Quadrate und des großen Quadrats aussagen?

39

Satz des Pythagoras

Lesen und Verstehen

Die Größe eines Fernsehbildschirms wird als die Länge der Bildschirmdiagonalen angegeben.

Ein Bildschirm ist 40 cm und 30 cm breit. Wie lang ist seine Diagonale?

Die Diagonale teilt den (rechteckigen) Bildschirm in zwei rechtwinklige Dreiecke.

> **Nur** in einem rechtwinkligen Dreieck gilt:
> Die Seiten, die den rechten Winkel einschließen, heißen **Katheten**.
> Die Seite, die dem rechten Winkel gegenüberliegt, heißt **Hypotenuse**. Sie ist immer die längste Seite.

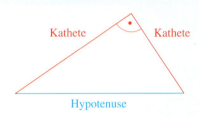

> **Satz des Pythagoras:**
> In jedem rechtwinkligen Dreieck gilt:
> die beiden Quadrate über den Katheten haben zusammen denselben Flächeninhalt wie das Quadrat über der Hypotenuse.
>
> $$a^2 + b^2 = c^2$$

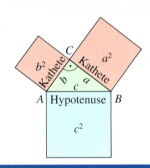

Mit dem Satz des Pythagoras lässt sich eine fehlende Seitenlänge berechnen.

BEISPIEL 1   Planfigur

Im Dreieck des Bildschirms sind $a = 30$ cm, $b = 40$ cm, $\gamma = 90°$ gegeben.

Wie lang ist die Diagonale c?

Lösung: $c^2 = a^2 + b^2$
$c^2 = (30\,\text{cm})^2 + (40\,\text{cm})^2$
$c^2 = 900\,\text{cm}^2 + 1600\,\text{cm}^2$
$c^2 = 2500\,\text{cm}^2 \qquad |\sqrt{}$
$c = \sqrt{2500\,\text{cm}^2}$
$c = 50\,\text{cm}$
Die Diagonale ist 50 cm lang.

BEISPIEL 2   Planfigur

gegeben: $a = 9$ cm,
$c = 15$ cm,
$\gamma = 90°$

Berechne die fehlende Kathete b.

Lösung: $a^2 + b^2 = c^2 \qquad |-a^2$
$b^2 = c^2 - a^2$
$b^2 = (15\,\text{cm})^2 - (9\,\text{cm})^2$
$b^2 = 225\,\text{cm}^2 - 81\,\text{cm}^2$
$b^2 = 144\,\text{cm}^2 \qquad |\sqrt{}$
$b^2 = \sqrt{144\,\text{cm}^2}$
$b = 12\,\text{cm}$
Die Kathete ist 12 cm lang.

Der Satz des Pythagoras

Basisaufgaben

1 In welchen Dreiecken gilt der Satz des Pythagoras? Begründe.

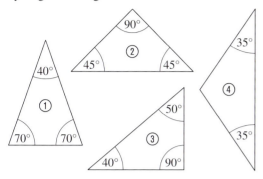

2 Ordne jedem rechtwinkligen Dreieck die passende Gleichung zu.

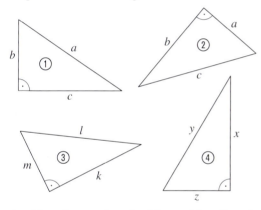

$a^2 + b^2 = c^2$ $a^2 + c^2 = b^2$ $b^2 + c^2 = a^2$
$m^2 + k^2 = l^2$ $m^2 + l^2 = k^2$ $l^2 + k^2 = m^2$
$x^2 + y^2 = z^2$ $x^2 + z^2 = y^2$ $z^2 + y^2 = x^2$

3 Übertrage die Tabelle in dein Heft und setze fort: Gib die Längen der Katheten und der Hypotenuse an und notiere die Gleichung.

	Kathete 1	Kathete 2	Hypo-tenuse	Satz des Pythagoras
a)	b	c	a	$b^2 + c^2 = \ldots$

a) 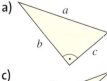   b)

c) d)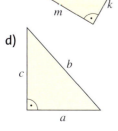

4 Zeichne und beschrifte ein rechtwinkliges Dreieck so, dass gilt:
a) $a^2 + b^2 = c^2$ b) $x^2 = y^2 + z^2$
c) $e^2 + f^2 = g^2$ d) $a^2 = b^2 + c^2$

5 Berechne in dem rechtwinkligen Dreieck ABC mit $\gamma = 90°$ die Länge der Seite c.
a) $a = 3\,\text{cm}$; $b = 4\,\text{cm}$
b) $a = 12\,\text{cm}$; $b = 5\,\text{cm}$
c) $a = 24\,\text{cm}$; $b = 7\,\text{cm}$
d) $a = 8\,\text{cm}$; $b = 15\,\text{cm}$

6 Berechne die Länge der Diagonalen x.

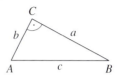

7 Gib die Katheten und die Hypotenuse an. Notiere die Gleichung nach dem Satz des Pythagoras. Berechne dann die fehlende Seitenlänge.

BEISPIEL zu a) $b^2 + 12^2 = 18^2$
$b^2 = 18^2 - 12^2$
$b = \sqrt{18^2 - 12^2}$ usw.

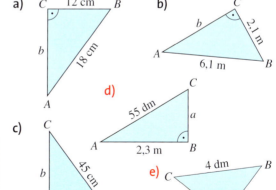

↻ 041-1
Den Satz des Pythagoras kannst du nutzen, um einen „Pythagoras-Baum" zu zeichnen. Wie das geht, verrät das Arbeitsblatt unter diesem Webcode. Du findest den Baum auch ganz hinten im Buchumschlag.

8 Vervollständige die Tabelle im Heft. Fertige zunächst immer eine Planfigur an.

Kathete 1	3 cm	12 m		5,7 m	2,4 dm
Kathete 2	4 cm		8 km	8,3 m	
Hypotenuse		13 m	10 km		9,6 dm

41

Satz des Pythagoras

Weiterführende Aufgaben

BEACHTE
Die Lösungen zu Aufgabe 9 ergeben in der richtigen Reihenfolge den Namen eines Landes. Auf welchem Kontinent liegt dieses Land?
5 (J); 7,21 (P); 7,82 (N); 8 (A), 19,70 (A)

9 Der rechte Winkel des Dreiecks *ABC* liegt am gegebenen Eckpunkt. Berechne die fehlende Seitenlänge. Finde zuerst die Hypotenuse.

	90° bei	Seite *a*	Seite *b*	Seite *c*
a)	A		3 cm	4 cm
b)	B	8 cm		18 cm
c)	C		4,5 cm	8,5 cm
d)	A	10 cm	6 cm	
e)	B		15 cm	12,8 cm

10 Es gilt auch die Umkehrung des Satzes von Pythagoras: Wenn in einem Dreieck $a^2 + b^2 = c^2$ gilt, dann ist das Dreieck rechtwinklig mit der Hypotenuse *c*.
Überprüfe durch eine Rechnung: Ist die längste Seite des gegebenen Dreiecks die Hypotenuse eines rechtwinkligen Dreiecks?
a) $a = 5$ cm; $b = 6,5$ cm; $c = 9$ cm
b) $a = 3,5$ cm; $b = 6,5$ cm; $c = 4,5$ cm
c) $a = 4$ cm; $b = 3,4$ cm; $c = 2,4$ cm

11 Suche rechtwinklige Dreiecke. Schreibe alle Gleichungen auf, die sich nach dem Satz des Pythagoras ergeben.

a)
b)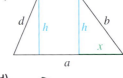
c)
d)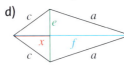

12 Eine Leiter steht mit dem unteren Ende 3 m von einer Wand entfernt.
Sie reicht bis zu einer Höhe von 4,5 m.
Wie lang ist die Leiter?
– Finde, skizziere und beschrifte das passende rechtwinklige Dreieck.
– Markiere die beiden Katheten und die Hypotenuse in verschiedenen Farben.
– Stelle die Gleichung auf und setze die bekannten Größen ein.
– Löse die Gleichung.

13 Wie weit steht eine 4 m lange Leiter von einer senkrechten Wand ab, wenn das obere Ende der Leiter 3,90 m hoch liegen soll? Gehe vor wie in Aufgabe 12.

14 Eine Leiter ist 5 m lang.
a) Die Leiter wird 2 m von einer Wand entfernt aufgestellt.
  Wie hoch reicht sie?
b) Welchen Abstand muss die Leiter haben, wenn sie 4 m hoch reichen soll?

15 „Rasenlatscher" sind Fußgänger, die gerne Wege abkürzen.
a) Wie viel Meter „spart" der Rasenlatscher hier?
b) Ein Schritt misst etwa 70 cm. Wie viele Schritte benötigt man für jeden der beiden Wege?

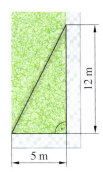

16 Die als Pylon bezeichneten rot-weißen Kegel haben in der Standardgröße eine 51 cm lange Seitenlinie *s* und am Fuß einen Durchmesser von 19 cm. Berechne ihre Höhe.

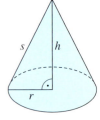

17 Autos parken am Straßenrand hintereinander. Das mittlere Auto hat eine Länge von 4,20 m und eine Breite von 1,60 m. Zwischen dem vorderen und dem hinteren Auto wurden jeweils 25 cm Platz gelassen. Kann das mittlere Auto ausparken?

Pythagoras gestern und heute

Pythagoras wurde etwa im Jahr 570 v. Chr. auf der griechischen Insel Samos geboren, auf der ihm zu Ehren 1955 eine kleine Stadt in Pythagorio umbenannt wurde.

1 Recherchiert in Gruppen weitere Daten zu Pythagoras und seinem Leben.
Sortiert eure Informationen, wählt geeignete aus und fertigt ein Plakat über Pythagoras an.
Stellt es in der Klasse vor.

Die **Internationale Bauausstellung (IBA) Emscher Park**, die von 1989 bis 1999 im Ruhrgebiet stattfand, verwendete als Logo eine stilisierte Grafik des Satzes des Pythagoras. An Ausstellungsorten in Bottrop und Duisburg findet man Plastiken, die ganz deutlich den Satz des Pythagoras symbolisieren.

2 Arbeitet in Gruppen. Findet weitere Skulpturen, Kunstwerke und Objekte, die den Satz des Pythagoras verdeutlichen. Fertigt ein Plakat an und stellt es in der Klasse vor.

Mathematik auf dem Schulhof – rechte Winkel konstruieren

Rechte Winkel konstruieren zu können war früher schon für die Babylonier und die alten Ägypter vor 4000 Jahren wichtig, da sie nach der jährlichen Nilüberschwemmung ihre Felder neu ausmessen mussten.
Sie benutzten **Knotenschnüre**, um rechte Winkel zu konstruieren. Darauf sind viele Knoten im gleichen Abstand angebracht.
Man legt ein Dreieck, dessen Seiten 3, 4 und 5 Knotenabstände lang sind. Dieses Dreieck ist rechtwinklig.

1 Arbeitet in Gruppen. Stellt eine Knotenschnur mit 12 Längeneinheiten her (z. B. 1 LE = 6 cm). Spannt damit auf dem Schulhof verschiedene Dreiecke auf. Notiert jeweils die Seitenlängen und die Art des entstandenen Dreiecks.

Bei einer anderen Möglichkeit, rechte Winkel zu konstruieren, nutzt man einen Halbkreis. Sie geht zurück auf den Satz des Thales:

Thales von Milet
(624 bis 547 v. Chr.)

Satz des Thales:
Konstruiert man ein Dreieck aus den beiden Endpunkten des Durchmessers eines Halbkreises (dem Thaleskreis) und einem weiteren Punkt dieses Halbkreises, so erhält man immer ein rechtwinkliges Dreieck.

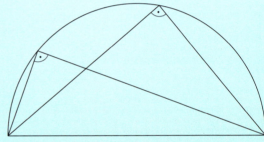

2 Zeichnet auf dem Schulhof einen Halbkreis mit Hilfe einer Schnur und Kreide.
Tragt dort zwei bis drei Dreiecke ein und messt die Seitenlängen.
Überprüft später mit dem Satz des Pythagoras, ob es sich um rechtwinklige Dreiecke handelt.

3 Warum sind die Zuschauerplätze bei Bühnen und Stadien in Kreisbögen angeordnet?
Erkläre anhand einer Skizze. Skizziere dazu eine Bühne und eine Reihe Zuschauerplätze im Kreisbogen aus der Vogelperspektive.
Trage für verschiedene Plätze den Blickwinkel auf die Bühne ein.

Methode: Dreiecke konstruieren mit einer dynamischen Geometriesoftware (DGS)

1 Konstruiere das Dreieck $A(1|2)$, $B(6|1)$, $C(7|6)$. Nutze dazu das Werkzeug „Vielecke":

a) Im Algebra-Fenster werden die Seitenlängen angegeben. Damit du dort auch die Winkelgrößen ablesen kannst, musst du mit dem Werkzeug „Winkel" die drei Innenwinkel nachkonstruieren. Notiere die Ergebnisse im Heft. Gib die Dreiecksart an.

b) Wähle das Werkzeug „Bewege" und bewege mit der Maus einen Eckpunkt des Dreiecks so, dass du folgende Dreiecksarten erhältst:
① unregelmäßig-rechtwinklig ② gleichschenklig-spitzwinklig
③ unregelmäßig-stumpfwinklig ④ gleichseitig-spitzwinklig

c) Konstruiere die Dreiecke. Notiere wieder die Seitenlängen und die Größe der Innenwinkel. Gib die Dreiecksarten an.
① $A(1|2)$, $B(6|4)$, $C(3|6)$ ② $A(2|6)$, $B(4|2)$, $C(8|2)$ ③ $A(0|3)$, $B(12|3)$, $C(12|8)$

d) Konstruiere ein gleichschenkliges Dreieck mit den Eckpunkten $A(1|1)$ und $B(8|3)$, dem Winkel $\alpha = 45°$ an der Spitze und den Basiswinkeln $\beta = \gamma$.
Wie lauten die Koordinaten des dritten Eckpunkts?
Wie groß sind die beiden anderen Winkel? Welche Dreiecksart liegt vor?

Vielecke

Winkel

Bewege

2 Mit einer DGS kannst du auch die Pythagorasfigur konstruieren:

a) Konstruiere zuerst mit Hilfe des Thaleskreises ein rechtwinkliges Dreieck:
– Zeichne mit dem Werkzeug „Halbkreis" einen Halbkreis durch zwei Punkte.
– Nutze das Werkzeug „Punkt auf Objekt" und markiere einen Punkt auf dem Halbkreis.
– Verbinde mit dem Werkzeug „Vieleck" die drei Punkte zu einem Dreieck.

b) Konstruiere die Quadrate über den Dreiecksseiten:
– Verwende das Werkzeug „Regelmäßiges Vieleck" und klicke zwei Eckpunkte des Dreiecks an (z. B. A und C). Bestätige die Auswahl der Ecken 4 mit OK.
– Gehe bei den anderen Seiten genauso vor. Achte beim Anklicken auf die Reihenfolge der Eckpunkte.

c) Im Algebra-Fenster werden die Flächeninhalte der drei Quadrate angezeigt. Überprüfe damit, ob der Satz des Pythagoras gilt.

d) Wähle das Werkzeug „Bewege" und bewege mit der Maus einen Eckpunkt so, dass du die Größe der Quadrate veränderst.
Gilt der Satz des Pythagoras weiterhin?

Halbkreis

Punkt auf Objekt

Regelmäßiges Vieleck

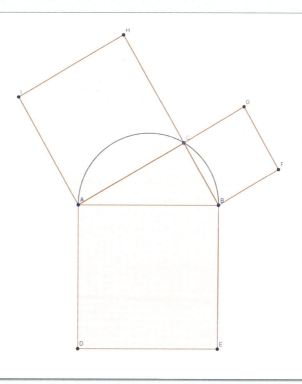

Satz des Pythagoras

Vermischte Übungen

1 Konstruiere ein Dreieck mit den Seitenlängen $a = 5\,\text{cm}$, $b = 7\,\text{cm}$ und $c = 8\,\text{cm}$. Beschrifte die Ecken, Seiten und Winkel. Gib die Größe der Innenwinkel an. Wie groß ist die Innenwinkelsumme?

2 Skizziere eine Planfigur. Entscheide, ob sich das Dreieck konstruieren lässt und gib den entsprechenden Kongruenzsatz an. Konstruiere und ergänze fehlende Seitenlängen und Winkelgrößen.
a) $a = 6{,}5\,\text{cm}$; $b = 8{,}4\,\text{cm}$; $c = 5\,\text{cm}$
b) $a = 5{,}8\,\text{cm}$; $b = 7\,\text{cm}$; $c = 10\,\text{cm}$
c) $a = 8\,\text{cm}$; $b = 7\,\text{cm}$; $\beta = 45°$
d) $a = 8{,}2\,\text{cm}$; $c = 7{,}1\,\text{cm}$; $\gamma = 42°$
e) $c = 7{,}5\,\text{cm}$; $\alpha = 75°$; $\beta = 48°$
f) $a = 11\,\text{cm}$; $\alpha = 66°$; $\gamma = 55°$

3 Ergänze die Tabelle im Heft.

a)
Quadratzahl	64	81	324	529	625
Zahl					

b)
Quadratzahl					
Zahl	11	17	21	32	40

c)
Quadratzahl	169		484		361
Zahl		26		50	

4 Berechne.
a) $0{,}7^2$; $0{,}4^2$; $1{,}2^2$; $1{,}6^2$; $0{,}9^2$; $1{,}1^2$; $0{,}14^2$
b) $\left(\frac{1}{2}\right)^2$; $\frac{1^2}{2}$; $\frac{1}{2^2}$; $\frac{1^2}{2^2}$
c) $\frac{5}{6^2}$; $\left(\frac{5}{6}\right)^2$; $\frac{5^2}{6^2}$; $\frac{5^2}{6}$

5 Berechne im Kopf.
a) $\sqrt{0{,}04}$ b) $\sqrt{0{,}25}$ c) $\sqrt{0{,}09}$ d) $\sqrt{0{,}49}$
e) $\sqrt{1{,}21}$ f) $\sqrt{0{,}0009}$ g) $\sqrt{0{,}0036}$ h) $\sqrt{0{,}0144}$

6 Bestimme die Quadratwurzel.
a) $\sqrt{1{,}44}$ b) $\sqrt{1{,}69}$ c) $\sqrt{2{,}25}$ d) $\sqrt{2{,}89}$
e) $\sqrt{0{,}01}$ f) $\sqrt{0{,}64}$ g) $\sqrt{3{,}24}$ h) $\sqrt{1{,}96}$

7 Berechne, wenn möglich.
a) $\sqrt{1}$; $\sqrt{-144}$; $\sqrt{36}$; $\sqrt{225}$; $\sqrt{-6{,}25}$; $\sqrt{-64}$
b) $\sqrt{\frac{1}{9}}$; $\sqrt{\frac{1}{4}}$; $\sqrt{\frac{4}{25}}$; $\sqrt{\frac{36}{49}}$; $\sqrt{\frac{4}{64}}$
c) $\sqrt{0}$; $\sqrt{\frac{144}{121}}$; $\sqrt{\frac{81}{9}}$; $\sqrt{\frac{225}{9}}$; $\sqrt{\frac{4}{169}}$

BEACHTE
Die Lösungen zu Aufgabe 5 ergeben in der richtigen Reihenfolge den Namen eines Landes. Auf welchem Kontinent liegt dieses Land?
0,06 (E); 0,03 (L); 0,12 (I); 0,2 (M); 0,3 (N); 0,5 (O); 0,7 (G); 1,1 (O)

8 Der Fußboden eines Badezimmers wird mit quadratischen Fliesen der Kantenlänge 15 cm ausgelegt.
a) Wie viele Fliesen sind für das Badezimmer mindestens nötig, wenn es 4,0 m lang und 3,2 m breit ist?
b) Wie viele Fliesen benötigt man, wenn man einen Verschnitt von 15 % hinzurechnet?

9 Ein Fliesenleger soll eine quadratische Fläche für eine Terrasse fugenlos fliesen. Ihm stehen 8 Kartons mit jeweils 8 Fliesen zur Verfügung. Die Fliesen haben eine Größe von $25\,\text{cm} \times 50\,\text{cm}$.

Wie groß kann die Terrasse höchstens werden und wie viele Fliesen werden benötigt?

10 Beachte die Rechenregeln.
a) $-2 + 4 \cdot (-3)$ b) $4 - 3 \cdot 2^2$
c) $(4 - 3) \cdot 2^2$ d) $(-2 + 4) \cdot (-3)$
e) $4 - (3 \cdot 2)^2$ f) $4 + 3 \cdot (-2)^2$

11 Übertrage ins Heft und setze <, > oder = so ein, dass die Aussage stimmt.
a) $14^2 - 13^2$ __ 1^2 b) $0{,}3$ __ $0{,}3^2$
c) $\sqrt{9}$ __ 9 d) $\frac{1}{3^2}$ __ $0{,}9^2$
e) $\sqrt{0{,}04}$ __ $0{,}04$ f) $\sqrt{100}$ __ 10

12 Welche Aufgaben wurden falsch gelöst? Korrigiere, wenn nötig.
a) $0{,}2^2 = 0{,}4$ b) $0{,}3^2 = 0{,}09$
c) $0{,}4^2 = 0{,}8$ d) $4^2 = 16$
e) $2 - 3 \cdot 3^2 = -79$ f) $25 - 5^2 = 0$
g) $\sqrt{-4} = -2$ h) $-\sqrt{4} = -2$
i) $\sqrt{(17)^2} = 17$ j) $\sqrt{0{,}0016} = 0{,}4$

13 Überprüfe. Setze in Heft = oder ≠ ein.
a) $\sqrt{36 + 64}$ __ $\sqrt{36} + \sqrt{64}$
b) $\sqrt{64} + \sqrt{36}$ __ $\sqrt{100}$ __ 10
c) $\sqrt{16} + \sqrt{9}$ __ 7
d) $\sqrt{81} + \sqrt{144}$ __ $\sqrt{225}$ __ 15
e) $\sqrt{100} - \sqrt{64}$ __ 6
f) $\sqrt{100 - 64}$ __ 2

46

Vermischte Übungen

14 Gib die Katheten und die Hypotenuse an. Notiere den Satz des Pythagoras.

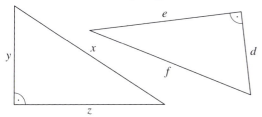

15 Im Dreieck ABC ist der Winkel $\gamma = 90°$. Fertige eine Planfigur an und färbe die gegebenen Stücke farbig.
Berechne die fehlenden Werte in der Tabelle.

	a)	b)	c)	d)
a	36 cm		2,3 cm	469 mm
b	77 cm	9,9 cm	1,4 cm	
c		10,1 cm		7,58 dm

16 Berechne die fehlende Seitenlänge des rechtwinkligen Dreiecks.
a) $a = 9$ cm; $b = 16$ cm; $\gamma = 90°$
b) $b = 9,8$ cm; $c = 4,5$ cm; $\alpha = 90°$
c) $a = 3,1$ cm; $c = 6,7$ cm; $\beta = 90°$

17 Berechne die Länge der Diagonale.

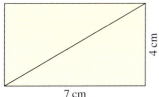

18 Ist das Dreieck rechtwinklig? Begründe.
a) $a = 3,2$ cm; $b = 2,4$ cm; $c = 4$ cm
b) $a = 2,5$ cm; $b = 6,5$ cm; $c = 6$ cm
c) $a = 5,2$ cm; $b = 2$ cm; $c = 4,8$ cm
d) $a = 19$ cm; $b = 24$ cm; $c = 8,5$ cm

19 Das Dreieck ABC ist gleichseitig.
Berechne die Höhe h und den Flächeninhalt.
a) $a = 6$ cm
b) $a = 9$ cm
c) $a = 2,5$ m
d) $a = 87$ mm

20 Berechne die Länge der Dachsparren, wenn jeder Dachsparren 30 cm überstehen soll.
Beginne mit einer Skizze, in der du das passende rechtwinklige Dreieck markierst.
a)   b)

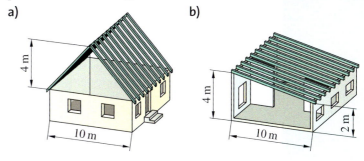

21 Bei einem Herbststurm wurde ein Baum abgeknickt. Die Höhe des noch stehenden Stamms beträgt 4,8 m. Die Baumkrone liegt in 5,5 m Entfernung zum Fuß des Baumes. Wie hoch war der Baum?

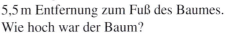

22 Eine 7,5 m lange Leiter wird an eine Hauswand gelehnt. Wie hoch reicht sie, wenn ihr unteres Ende 1,8 m von der Hauswand entfernt ist?

23 In einem Hotel brennt es im Dachgeschoss, das sich 14 m über dem Boden befindet. Die Feuerwehrleiter wird in 4 m Entfernung ausgefahren.
Wie lang muss die Leiter ausgefahren werden?

24 Ein Funkmast wird durch drei 75 m lange Spannseile gesichert, die 15 m vom Fußpunkt des Mastes im Erdboden verankert sind. In welcher Höhe wurden die Seile am Mast befestigt?

25 Ein Fesselballon ist an einem Seil befestigt. Durch starken Wind wird er 18 m weit abgetrieben und hat dann nur noch eine Höhe senkrecht über dem Boden von 80 m. Wie lang ist das Seil?

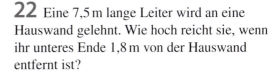

47

Satz des Pythagoras

Auf dem Baseballfeld

Das Spielfeld beim Baseball ist wie ein Tortenviertel geformt. Es wird begrenzt von den beiden Foul-Lines, die sich im Winkel von 90 Grad von der *Home Plate* aus in Richtung *Fair Territory* erstrecken. Die meisten Aktionen finden im *Infield* statt (in der Zeichnung unten olivfarben), einer Fläche in der Spitze des Viertelkreises mit 8100 ft². Die Amerikaner nennen das Spielfeld wegen der Form des *Infields* auch *Diamond*.
Die vier Ecken des *Infields* sind durch die drei *Bases* und die *Home Plate* markiert. Von der *Home Plate* aus wird immer nach rechts gelaufen. Dort befindet sich die erste *Base*.

BEACHTE
1 m = 3,28 ft
(feet = Fuß)
1 ft = 0,3048 m
1 ft² (square foot)
= 0,0929 m²

a) Welche geometrische Form hat das *Infield*?

b) Gib die Seitenlänge der *Infield*-Fläche in feet an. Rechne um in Meter.

c) Bei einem *Home Run* schlägt ein *Batter* den Ball weit und schafft es, über alle *Bases* bis zur *Home Plate* zu laufen.
Wie weit muss der *Batter* bei einem *Home Run* laufen?

d) Konstruiere die *Infield*-Fläche in einem geeigneten Maßstab. John scheidet beim Lauf 7 m vor der 2. Base aus. Zeichne den Punkt ein, an dem er aus dem Spiel ausscheidet.

e) Der Feldspieler an der 3. Base wirft den Ball zum Feldspieler an der 1. Base.
Berechne, wie weit der Ball fliegt.

f) Ermittle den Abstand zwischen *Pitcher* und *Home Plate*.

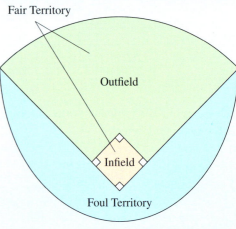

g) Den schnellsten offiziell gemessenen Baseball-Pitch warf Aroldis Chapman in einem Profispiel am 24. September 2010. Er flog die knapp 18,4 m zur *Home Plate* mit einer Geschwindigkeit von 169,1 $\frac{km}{h}$.
Wie viel Zeit blieb dem *Batter* für seinen Schlag?

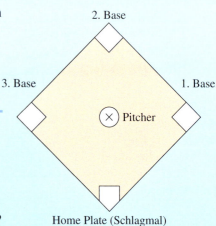

Satz des Pythagoras

Alles klar?

Entscheide, ob die Aussagen richtig oder falsch sind.
Begründe deine Entscheidung im Heft und korrigiere gegebenenfalls.

1 Dreiecke

a) Ein gleichschenkliges Dreieck kann stumpfwinklig sein.
b) Jedes gleichseitige Dreieck ist auch rechtwinklig.
c) Die Planfigur rechts entspricht der Konstruktion *SWS*.
d) Aus den Angaben $a = 4{,}5$ cm; $b = 7{,}5$ cm; $c = 6$ cm entsteht ein rechtwinkliges Dreieck *ABC*.
e) Aus den Angaben $a = 7$ cm; $b = 2$ cm; $c = 4$ cm lässt sich kein Dreieck *ABC* konstruieren.
f) Der fehlende Innenwinkel bei einem Dreieck *ABC* mit $\alpha = 67°$ und $\beta = 89°$ ist $\gamma = 24°$.
g) Bei einer Konstruktion zu den Angaben $a = 7$ cm; $b = 2$ cm; $\alpha = 47°$ entstehen zwei Dreiecke *ABC*.

BEACHTE
Die Lösungen zu den Aufgaben auf dieser Seite sowie dazu passende Trainingsaufgaben findest du ab Seite 146.

2 Quadratzahlen und Quadratwurzeln

a) Die Quadratzahl einer Zahl erhält man, wenn man die Zahl mit 2 multipliziert.
b) $4^2 = 16$
c) $0{,}3^2 = 0{,}09$ und $0{,}4^2 = 0{,}8$
d) $2 - 3 \cdot 4^2 = -16$
e) 14 ist die Wurzel aus 196.
f) -7 ist die Wurzel aus 49.
g) Jede Wurzel ist eine natürliche Zahl.
h) Die Wurzel aus 0 ist 1.
i) $\sqrt{36} - 7 = -1$
j) $\sqrt{16} + \sqrt{9} = 5$ und $\sqrt{16} \cdot \sqrt{9} = 12$

3 Satz des Pythagoras

a) Der Satz des Pythagoras gilt für alle Dreiecke.
b) In einem rechtwinkligen Dreieck sind die Katheten zusammen so groß wie die Hypotenuse.
c) Ein rechtwinkliges Dreieck *ABC* mit dem Winkel $\gamma = 90°$ hat die beiden Katheten $a = 8$ cm und $b = 15$ cm. Dann ist die Hypotenuse $c = 17$ cm lang.
d) Im rechtwinkligen Dreieck ist eine Kathete 6 cm und die Hypotenuse 12,5 cm lang. Die zweite Kathete muss also 9,5 cm lang sein.
e) In einem Rechteck mit den Seitenlängen $a = 7$ cm und $b = 4$ cm misst die Diagonale d etwa 8,1 cm.
f) Die Länge der Strecke x im Quadrat rechts beträgt 8 cm.
g) Ein Dreieck mit den Seitenlängen 12 cm, 5 cm und 13 cm ist rechtwinklig.

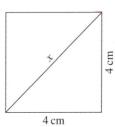

Satz des Pythagoras

Zusammenfassung

→ Seite 32

Dreiecke

Im **gleichschenkligen Dreieck** sind zwei Schenkel gleich lang und die Basiswinkel gleich groß.
Ein Dreieck mit drei gleich langen Seiten nennt man **gleichseitiges Dreieck**. Alle Winkel sind gleich groß, nämlich 60°.

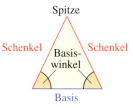
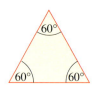

Rechtwinklige Dreiecke haben einen rechten Winkel.
Spitzwinklige Dreiecke haben drei spitze Winkel.
Stumpfwinklige Dreiecke haben einen stumpfen Winkel.

Im Dreieck beträgt die Summe der Innenwinkel immer 180°, im Viereck immer 360°.

Dreiecksungleichung: In jedem Dreieck ist die Summe der Längen der beiden kürzeren Seiten größer als die Länge der längsten Seite.

Mit einer **Konstruktion nach** *SWS*, *WSW*, *SWW* oder *SSS* ist das Dreieck eindeutig konstruierbar. Nach *SSW* entsteht genau ein Dreieck, wenn zwei Seiten und der Winkel gegeben ist, der der längeren Seite gegenüberliegt. Liegt der Winkel der kürzeren der beiden gegebenen Seiten gegenüber, so entstehen zwei Dreiecke.

→ Seite 36

Quadratzahlen und Quadratwurzeln

Multipliziert man eine Zahl a mit sich selbst, erhält man das Produkt $a \cdot a = a^2$. Es ist a^2 die **Quadratzahl** von a.

$(-8)^2 = (-8) \cdot (-8) = 64$

Die Umkehrung des Quadrierens nennt man (Quadrat-)**Wurzelziehen**.
Die **(Quadrat-)Wurzel** einer positiven Zahl b ist die positive Zahl, die mit sich selbst multipliziert b ergibt.
Sie wird mit $\sqrt{b}$ bezeichnet.
Der Term unter der Wurzel heißt **Radikand**.

$\sqrt{16} = 4$, denn $4 \cdot 4 = 16$
$\sqrt{-16}$ ist nicht lösbar.
$-\sqrt{16} = -4$

→ Seite 40

Der Satz des Pythagoras

In einem rechtwinkligen Dreieck liegt die **Hypotenuse** dem rechten Winkel gegenüber. Die **Katheten** schließen den rechten Winkel ein.

Satz des Pythagoras (nur in rechtwinkligen Dreiecken):
Die Summe der Flächeninhalte der Kathetenquadrate ist gleich dem Flächeninhalt des Hypotenusenquadrats.
Es gilt: $a^2 + b^2 = c^2$ (wenn $\gamma = 90°$)

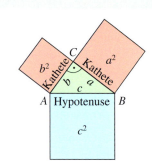

Ähnlichkeit

Fische einer Art haben alle die gleiche Form und die gleiche Färbung.
Es gibt aber Unterschiede in der Größe. Die Fische sind ähnlich.
Sind sie auch ähnlich im Sinne der Geometrie?

In diesem Kapitel wirst du maßstäbliche Vergrößerungen und Verkleinerungen
berechnen, vergrößerte oder verkleinerte Bilder von einem Original herstellen
und die Methode der zentrischen Streckung kennenlernen.

Ähnlichkeit

Noch fit?

1 Zeichne wie angegeben:
a) zwei Geraden, die senkrecht aufeinander stehen
b) eine Strecke $\overline{AB}$ mit 3,2 cm Länge
c) eine Gerade g und einen Punkt P_1, der auf der Geraden liegt. Zeichne einen weiteren Punkt P_2, der nicht auf der Geraden liegt. Zeichne einen Strahl, der P_1 und P_2 verbindet.
d) zwei zueinander parallele Geraden mit 2,5 cm Abstand
e) einen Kreis mit dem Radius r = 4,7 cm
f) die Winkel mit den Größen α = 43°; β = 143° und γ = 265°

2 Zeichne das Schrägbild eines Würfels bzw. Quaders mit den angegebenen Kantenlängen.
a) a = 3 cm
b) a = 6 cm; b = 4 cm; c = 2 cm
c) a = b = 5,6 cm; c = 1,4 cm
d) a = 3,7 cm; b = 2,8 cm; c = 8,5 cm

3 Zeichne die Winkel und gib jeweils die Winkelart an (spitz, stumpf oder überstumpf).
a) α = 45°
b) β = 120°
c) γ = 270°
d) δ = 83°
e) ε = 314°

4 Konstruiere die Dreiecke.
a) α = 55°; β = 40°; c = 7 cm
b) γ = 65°; a = 5 cm; b = 7,5 cm
c) α = 25°; β = 120°; γ = 35°
d) α = 36°; β = 100°; a = 4,8 cm

5 Multipliziere mit Stufenzahlen.
a) 31 · 10 000
b) 2,8 · 10
c) 2,14 · 1000
d) 0,3 · 100
e) 0,012 · 100
f) $\frac{1}{8}$ · 1000

6 Multipliziere im Kopf.
a) 25 · 4
b) 125 · 8
c) 20 · 50
d) 250 · 8
e) 3 · 150
f) 20 · 5000
g) 102 · 7
h) 99 · 6
i) 1100 · 22
j) 97 · 13
k) 103 · 15
l) 207 · 11

7 Gib die Brüche als Dezimalbrüche an.
a) $\frac{1}{10}$
b) $\frac{3}{4}$
c) $\frac{1}{8}$
d) $\frac{5}{8}$
e) $\frac{5}{4}$
f) $\frac{112}{100}$
g) $\frac{9}{3}$
h) $\frac{1}{3}$
i) $\frac{7}{6}$
j) $\frac{5}{7}$

8 Gib die Größen in der Maßeinheit an, die in Klammern steht.
a) 5 cm (mm)
b) 10,7 dm (cm)
c) 91 mm (dm)
d) 7640 m (km)
e) 54 cm² (mm²)
f) 450 cm² (dm²)
g) 13 a (m²)
h) 0,076 m² (dm²)
i) 34 500 cm³ (dm³)
j) 53,4 cm³ (mm³)
k) 690 000 cm³ (m³)
l) 1,7 m³ (ℓ)

9 Zeichne ein Koordinatensystem und trage die Punkte ein: $A(0|7)$; $B(2|0)$; $C(3,5|4)$; $D(5|0)$; $E(7|7)$. Verbinde die Punkte in alphabetischer Reihenfolge. Welcher Buchstabe entsteht?

Bunt gemischt

1. Erkläre den Zusammenhang zwischen Radius und Durchmesser. Schreibe als Formel.
2. Multipliziere aus (Distributivgesetz): 3 · (a + 15).
3. Bei einem Schrägbild wird die Strecke, die nach hinten verläuft, ___ gezeichnet.
4. Wie ändert sich der Flächeninhalt eines Rechtecks, wenn beide Seitenlängen verdoppelt werden?
5. Zwei Brüche werden miteinander multipliziert, indem man ___ .

52

Besondere Vierecke (Wiederholung)

Erforschen und Entdecken

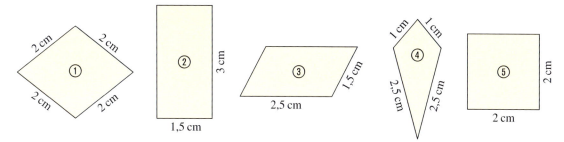

1 Übertrage die Tabelle in dein Heft.
a) Kreuze die entsprechenden Eigenschaften an bzw. trage die entsprechende Anzahl ein.
Benenne anschließend das Viereck.

	①	②	③	④	⑤
Alle vier Seiten sind gleich lang.					
Jeweils zwei Seiten sind gleich lang.					
Benachbarte Seiten stehen senkrecht aufeinander.					
Gegenüberliegende Seiten sind parallel zueinander.					
Das Viereck ist achsensymmetrisch.					
Anzahl der Symmetrieachsen					
Das Viereck ist drehsymmetrisch.					
Bezeichnung des Vierecks					

b) Welches besondere Viereck fehlt? Zeichne dieses in dein Heft.

2 Links stehen die Viereckarten, rechts stehen Formeln zur Berechnung des Flächeninhalts.

Rechteck Parallelogramm	$A = \frac{e \cdot f}{2}$ $A = a \cdot h_a$
Trapez Raute	$A = a^2$ $A = \frac{(a+c) \cdot h}{2}$
Quadrat Drachen	$A = a \cdot b$

a) Zeichne jeweils ein Viereck von jeder Art und bezeichne es. Markiere die Seiten, Diagonalen usw. farbig, die man zur Flächenberechnung braucht.
b) Ordne die einzelnen Formeln für den Flächeninhalt den gezeichneten Vierecken zu.
Übertrage die Formeln passend zu den Zeichnungen in dein Heft.
c) Ergänze jeweils die Formeln für den Umfang.

BEISPIEL zum Drachen

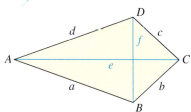

$A = \frac{e \cdot f}{2}$

$u = 2a + 2b$

Ähnlichkeit

Lesen und Verstehen

Dies ist das Haus der Vierecke mit den passenden Formeln für Flächeninhalt und Umfang.

Der Pfeil ⟶ bedeutet:
„… ist auch ein(e) …"

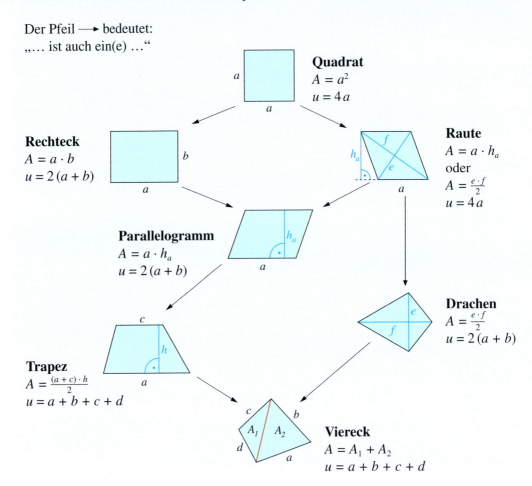

Quadrat
$A = a^2$
$u = 4a$

Rechteck
$A = a \cdot b$
$u = 2(a + b)$

Raute
$A = a \cdot h_a$
oder
$A = \frac{e \cdot f}{2}$
$u = 4a$

Parallelogramm
$A = a \cdot h_a$
$u = 2(a + b)$

Drachen
$A = \frac{e \cdot f}{2}$
$u = 2(a + b)$

Trapez
$A = \frac{(a + c) \cdot h}{2}$
$u = a + b + c + d$

Viereck
$A = A_1 + A_2$
$u = a + b + c + d$

↻ 054-1
Unter diesem Webcode findest du eine interaktive Übungen zum Erkennen von Vierecken.

Basisaufgaben

1 Welche Arten von Vierecken findest du im Bild? Welche fehlen?

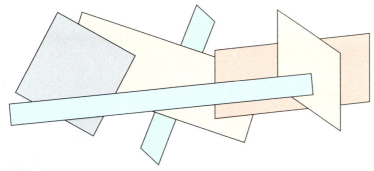

2 Bewege dich durch das Haus der Vierecke und überprüfe die Sätze auf ihre Richtigkeit. Korrigiere gegebenenfalls.
a) Ein Quadrat ist auch eine Raute.
b) Ein Parallelogramm ist auch eine Raute.
c) Ein Parallelogramm ist auch ein Trapez.
d) Ein Parallelogramm ist auch ein Drachen.
e) Ein Rechteck ist auch ein Trapez.
f) Ein Trapez ist auch ein Parallelogramm.
g) Ein Quadrat ist auch ein Drachen.

Besondere Vierecke (Wiederholung)

3 Miss die Seitenlängen der einzelnen Vierecke und berechne sowohl ihren Flächeninhalt als auch ihren Umfang.

a)
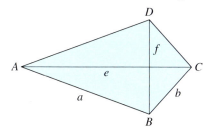

b)
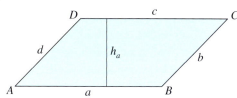

c)
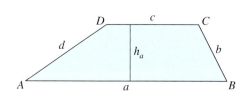

d)
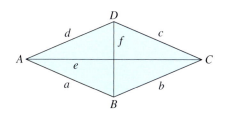

e)
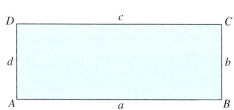

f)
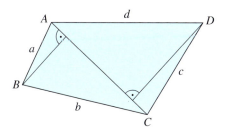

4 Zeichne ein Viereck von jeder Viereckart und benenne es. Es soll jeweils mindestens eine Seite 4 cm lang sein.
a) Markiere die Seiten bzw. Diagonalen farbig, die zur Flächenberechnung wichtig sind.
b) Miss die benötigten Längen und berechne jeweils den Flächeninhalt.

5 Zeichne das Viereck.
a) Raute mit $a = 5$ cm und $\alpha = 30°$
b) Parallelogramm mit $a = 7$ cm; $b = 4,5$ cm und $h_a = 3$ cm
c) Drachen mit $a = 7$ cm; $b = 3$ cm und $e = 8$ cm
d) Trapez mit $a \parallel c$, $a = 6$ cm; $c = 3,5$ cm; $h_a = 3,2$ cm; $\alpha = 62°$

↻ 055-1
Hier kannst du ein Kreuzworträtsel zu Vierecken lösen.

6 Das „Dockland" an der Elbe in Hamburg hat die Form eines Parallelogramms. Es soll an ein anlegendes Schiff erinnern. Das Gebäude ist 132 m breit und hat eine Höhe von etwa 25 m. Wie viel Glas wurde in etwa verbraucht, um die vordere Glasfassade zu gestalten?

7 Ein Drachen soll gebaut werden. Die Stäbe für das Mittelkreuz sind 60 cm und 40 cm lang. Rechne mit je 5 cm Rand für die Klebeflächen. Wie viel Papier benötigt man ungefähr? Wie viel bleibt von einem 80 cm × 60 cm großen Bogen übrig?

8 Familie Dercksen muss das Dach ihres Hauses neu eindecken lassen. Ihr Haus hat ein Walmdach, wie es rechts abgebildet ist.
a) Aus welchen Formen ist die Dachfläche zusammengesetzt?
b) Berechne die Größe der Dachfläche mit folgenden Maßen:
Länge des Daches 11,50 m
Breite des Daches 6,50 m
Firstlänge 7,40 m
Höhe im Dreieck 5,30 m
Höhe im Trapez 5,55 m

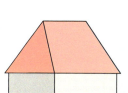

Ähnlichkeit

Weiterführende Aufgaben

9 Übertrage die Abbildungen unten mit etwas mehr Platz dazwischen in dein Heft.

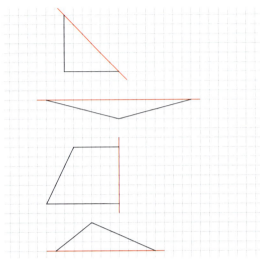

a) Ergänze sie durch Spiegelung an der roten Symmetrieachse zu einem Viereck. Welche Vierecke entstehen?
b) Entnimm deiner Zeichnung die Maße, die du zur Flächenberechnung brauchst. Berechne den Flächeninhalt.

10 Die Pyramide des Kukulcán ist eine Tempelpyramide in der Ruinenstadt Chichén Itzá im Norden der Halbinsel Yucatán (Mexiko). Sie ist 30 m hoch und hat eine Grundkantenlänge von 55 m. Ihre vier Seitenflächen sind annähernd trapezförmig.

a) Auf welcher Fläche ist die Pyramide errichtet?
b) Schätze die restlichen Maße ab, die du zur Berechnung einer Seitenfläche brauchst. Wie bist du dabei vorgegangen?
c) Berechne die gesamte Seitenfläche der Pyramide mit und ohne den oberen Aufbau.

11 Bei einem Cuttermesser kann man durch das Abbrechen der Klinge immer wieder neu scharf schneiden.
Die einzelnen Klingenstücke haben die Form eines Parallelogramms, die gesamte Klinge ist ein Trapez.

a) Wie groß ist die gesamte Klinge, wenn sie 1,9 cm breit, die untere Seite 10,3 cm lang und die obere Seite 9,5 cm lang ist?
b) Berechne die Fläche eines einzelnen Klingenstücks, wenn nach jeweils 1 cm abgebrochen wird.
c) Wie groß ist der Rest der Klinge nach sieben abgebrochenen Stücken?

12 Berechne die gesamte Tischfläche mit Hilfe der folgenden Maße:
lange Seite: 130 cm
kurze Seite: 65 cm
Tiefe: 57 cm

13 Betrachte die Dachfläche des abgebildeten Krüppelwalmdaches.

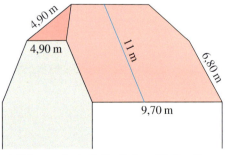

a) Wie groß sind die Seitenflächen?
b) Wie groß ist die gesamte Dachfläche?

56

Vergrößern und Verkleinern

Vergrößern und Verkleinern

Erforschen und Entdecken

1 Betrachte die vier Abbildungen.

Marienkäfer

Ausschnitt einer Karte

ein menschliches Haar

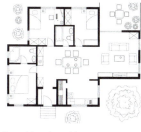
Grundriss eines Hauses

a) Bei welchen Abbildungen handelt es sich um eine Vergrößerung bzw. um eine Verkleinerung gegenüber der Wirklichkeit?
b) In welchen Zusammenhängen hast du schon einmal vom Begriff „Maßstab" gehört?
   Gib Beispiele und berichte, in welcher Form ein Maßstab angegeben wurde.
c) Schätze ab, welcher Maßstab bei welchem Bild annähernd passend sein könnte.
   Begründe deine Auswahl.

| 5 : 1 | 200 : 1 | 1 : 200 | 1 : 1 500 000 |

d) Ordne dem folgenden Satz den entsprechenden Maßstab zu.
   Ergänze die Sätze für die drei anderen Maßstabsangaben.
   „Ein Zentimeter in der Abbildung entspricht 200 cm in der Wirklichkeit."
   „Fünf Zentimeter…."

2 Zeichne ein Rechteck mit $a = 9\,cm$; $b = 6\,cm$. Dieses Rechteck ist dein Original.
Schaffiere es rot und schneide es aus.
Zeichne dann die folgenden Dreiecke auf weißes Papier und schneide sie ebenfalls aus.

① $a = 4{,}5\,cm$; $b = 3\,cm$ ② $a = 18\,cm$; $b = 12\,cm$ ③ $a = 3\,cm$; $b = 2\,cm$
④ $a = 13{,}5\,cm$; $b = 9\,cm$ ⑤ $a = 6\,cm$; $b = 4\,cm$ ⑥ $a = 1{,}8\,cm$; $b = 1{,}2\,cm$

a) Klebe das rote Original-Rechteck auf eine neue Doppelseite oben mittig in dein Heft und ordne die anderen Rechtecke in zwei Spalten wie folgt darunter:
   Links sind die verkleinerten Rechtecke, rechts die vergrößerten.
b) Ordne die Maßstäbe aus der Randspalte jeweils den einzelnen Bildern zu.
   Der Maßstab 1 : 3 liest sich beispielsweise wie folgt: „Ein Zentimeter im Bild entspricht drei Zentimeter im Original". Schreibe die Maßstäbe in die entsprechenden Bild-Rechtecke.
c) Beschreibe, wie man anhand der Maßstäbe erkennen kann, ob es sich um eine Vergrößerung oder um eine Verkleinerung handelt.
d) Wievielmal so groß sind die Seiten von ① und ② gegenüber dem Original?
e) Zeichne zum roten Original ein Rechteck im Maßstab 1 : 6. Wie ermittelst du die Längen der Seiten? Mit welchem Faktor musst du die Originalseiten multiplizieren?
f) Welche Maße hat ein Bild-Rechteck bei einer Vergrößerung um den Faktor 5?
   Wie lautet der Maßstab?

↻ 057-1
Unter diesem Webcode findest du die sieben Rechtecke von Aufgabe 2 als Kopiervorlage zum Ausdrucken.

Maßstab
1 : 1,5
1 : 2
1,5 : 1
1 : 3
2 : 1
1 : 5

Ähnlichkeit

Lesen und Verstehen

BEACHTE
Beim Maßstab steht die veränderte Größe vor dem Doppelpunkt und das Original danach. Beim Maßstab 1 : 3 ist das Original dreimal so groß.

Als **Maßstab** bezeichnet man das Verhältnis zwischen einer abgebildeten Größe und der entsprechenden Größe in der Wirklichkeit.
Der **Streckungsfaktor** gibt an, mit welcher (positiven) Zahl die Originallängen multipliziert werden, um die entsprechenden Bildlängen zu erhalten.

Ist die Abbildung größer als die entsprechende Wirklichkeit, so spricht man von einer maßstäblichen **Vergrößerung**.

Der Maßstab wird als $x : 1$ angegeben.
Der Streckungsfaktor beträgt $k = x$.

BEISPIEL 1
Haar durch ein Mikroskop
Die Vergrößerung beträgt 200 : 1.
Ein 0,05 mm dickes Haar ist unter dem Mikroskop $200 \cdot 0{,}05$ mm $= 10$ mm dick.

Bei einer maßstäblichen **Verkleinerung** ist die Abbildung kleiner als die Wirklichkeit. Entsprechend wird der Maßstab mit $1 : x$ angegeben.
Der Streckungsfaktor beträgt $k = \frac{1}{x}$.

In beiden Fällen ist $x > 1$.

BEISPIEL 2
Die Verkleinerung beträgt 1 : 1 500 000.
Eine in Wirklichkeit 40 km lange Strecke
ist auf der Karte 40 km : 1 500 000
$= 0{,}00002666\ldots$ km $\approx 2{,}7$ cm lang.

Basisaufgaben

1 Fülle den Lückentext im Heft aus:
Bei einem Maßstab von 5 : 1 handelt es sich um eine maßstäbliche ___ . Hierbei ist das Bild ___ so groß wie das Original.
Bei einer fünffachen Verkleinerung spricht man dagegen vom Maßstab ___ .

2 Zeichne ein Quadrat mit der Seitenlänge $a = 3$ cm. Gib die neuen Seitenlängen an.
a) Vergrößere das Quadrat mit $k = 2$.
b) Vergrößere das Quadrat mit $k = 3$.
c) Verkleinere das Quadrat mit $k = \frac{1}{2}$.
d) Verkleinere das Quadrat mit $k = \frac{1}{3}$.

3 Verändere ein Rechteck mit $a = 2$ cm und $b = 3$ cm mit dem Streckungsfaktor k.
a) $k = 2$ b) $k = 3$ c) $k = 1{,}5$
d) $k = \frac{1}{2}$ e) $k = \frac{1}{4}$ f) $k = \frac{3}{5}$
Gib jeweils an, ob vergrößert oder verkleinert wird. Bestimme den Maßstab.

4 Zeichne ein gleichseitiges Dreieck mit $a = 6$ cm. Verkleinere es maßstäblich mit dem angegebenen Streckungsfaktor und gib den Maßstab an.
a) $k = \frac{1}{2}$ b) $k = \frac{1}{3}$ c) $k = \frac{2}{5}$

5 Gib den Streckungsfaktor k bei folgenden Maßstäben an:
a) 1 : 2 b) 3 : 1 c) 1 : 100
d) 5 : 1 e) 1 : 25 f) 1 : 2000

6 Mit welchem Streckungsfaktor wurden die Dreiecke vergrößert bzw. verkleinert,
a) wenn I das Original ist?
b) wenn II das Original ist?
Gib jeweils den Maßstab an.

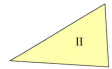

Vergrößern und Verkleinern

7 Zeichne ein Dreieck mit $a = 3\,cm$, $c = 5\,cm$ und $\beta = 80°$.
a) Vergrößere das Dreieck mit $k = 2$.
b) Vergrößere das Dreieck mit $k = 2{,}2$.
c) Vergrößere das Dreieck mit $k = 1{,}5$.
d) Verkleinere das Dreieck mit $k = \frac{1}{2}$.
e) Vergrößere das Dreieck so, dass $a' = 5{,}1\,cm$ ist. Wie groß ist dann k?

8 Das Original-Rechteck hat die Maße $a = 6\,cm$ und $b = 2{,}4\,cm$. Übertrage die Tabelle unten in dein Heft und ergänze sie. Lasse möglichst viel Platz in der letzten Spalte. Bei den grauen Feldern werden die Rechtecke zu groß, sie müssen nicht gezeichnet werden.

Maßstab	Maße der Seitenlängen	Zeichnung
1 : 2	$a = 3\,cm$ $b = 1{,}2\,cm$	
1 : 3	$a = \ldots$ $b = 0{,}8\,cm$	
	$a = 1{,}5\,cm$ $b = \ldots$	
1 : 6		
2 : 1		
2,5 : 1		
3 : 1		
	$a = 30\,cm$ $b = 12\,cm$	
8 : 1		
	$a = 60\,cm$ $b = 24\,cm$	

9 Dies ist der Grundriss vom Obergeschoss eines Hauses.

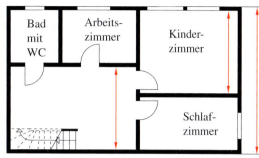

Obergeschoss Maßstab 1 : 200

a) Wie lang sind die roten Strecken in Wirklichkeit?
b) Ermittle für alle Zimmer die wirklichen Längen und berechne ihren Flächeninhalt.
c) Das Wohnzimmer im Untergeschoss hat eine reale Größe von $5\,m \times 6\,m$. Welchen Flächeninhalt hätte das Wohnzimmer im Plan?

10 Ein Modellauto wird im Maßstab 1 : 18 angeboten. Der abgebildete Ferrari hat die Maße $6 \times 23 \times 11\,cm$.
Welche Maße hat das Originalauto?

Methode: Maßstabsgerechte Längen mit einer Zuordnungstabelle berechnen

Will man beispielsweise die fünf höchsten Bauwerke der Welt maßstabsgerecht skizzieren, so sollte man den Maßstab so wählen, dass der Platz im Heft möglichst gut genutzt wird.
Der Burj Khalifa in Dubai ist mit 830 m das höchste Gebäude der Welt. Für seine Skizze stehen 15 cm in der Höhe zur Verfügung.
Mit Hilfe einer Zuordnungstabelle kann man die Höhen der anderen Gebäude berechnen. Der Tokyo Sky Treee ist 634 m hoch.
Auch der Maßstab kann berechnet werden (hier $\frac{3}{16600} : 1$, also $\approx 1 : 5533$).
Aber Achtung: Dazu müssen die Größen in der gleichen Einheit angegeben sein.

reale Höhe (in cm)	Höhe im Bild (in cm)
83 000	15
1	$\frac{15}{83000} - \frac{3}{16600}$
63 400	ca. 11,5
Der „Tokyo Sky Tree" muss 11,5 cm hoch gezeichnet werden.	

: 83 000
· 63 400

59

Ähnlichkeit

Weiterführende Aufgaben

11 In der Tabelle findest du die Höhen der fünf höchsten Gebäude der Welt und zum Vergleich die Höhe des Kölner Doms.

Name	Stadt	Höhe
Burj Khalifa	Dubai	830 m
Tokyo Sky Tree	Tokio	634 m
Shanghai Tower	Shanghai	632 m
Mecca Royal Clock Tower Hotel	Mekka	601 m
Canton Tower	Guangzhou	600 m
Kölner Dom	Köln	157 m

Skizziere die Gebäudehöhen im Vergleich. Berechne dazu die Bildhöhen mit Hilfe einer Zuordnungstabelle. Das höchste Gebäude soll im Bild 20 cm Höhe haben.
Gib auch den Maßstab an.

12 Der Schaufelradbagger 288 aus dem Braunkohletagebau ist 96 m hoch und 220 m lang. Er soll in einem Bild eine Höhe von 15 cm haben.

a) Wie groß müsste ein erwachsener Mann neben dem Bagger gezeichnet werden?
b) Passt die Länge des Baggers in dein Heft?
c) In welchem Maßstab wird der Bagger abgebildet?

13 In welchem Maßstab wurde der Igel abgebildet? Erkläre deine Vorgehensweise.

Burj Khalifa in Dubai

14 Die Entfernung von der Erde bis zum Mond beträgt 384 400 km.
a) In welchem Maßstab müsste man diese Entfernung darstellen, wenn man ein DIN-A4-Blatt gut nutzen wollte?
b) Zeichne die Entfernung Erde – Mond in deinem gewählten Maßstab als Strecke in dein Heft.
c) Erde ←——————→ Mond

Miss die Strecke und bestimme den Maßstab. Die folgenden Entfernungen sollen im gleichen Maßstab veranschaulicht werden. Wie lang müssten die Strecken gezeichnet werden?

mittlere Entfernung Mars – Sonne	228 000 000 km
mittlere Entfernung Erde – Sonne	149 600 000 km
Länge des Erdäquators	40 075 km
Luftlinie Düsseldorf – New York	6030 km

15 Ein Haus hat eine rechteckige Grundfläche von 7,60 m × 10,40 m.
a) Berechne den Flächeninhalt.
b) Zeichne die Grundfläche im Maßstab 1 : 100.
c) Berechne den Flächeninhalt der gezeichneten Fläche und vergleiche diesen mit dem Flächeninhalt des Originals. Was fällt dir auf?
d) Warum lässt sich ein Flächeninhalt nicht direkt durch Multiplikation mit dem Maßstab umrechnen?

16 In der Architektur werden oftmals vor dem Bau dreidimensionale Modelle der geplanten Gebäude hergestellt.
a) Welche Maße hätte das Modell eines quaderförmigen Hochhauses im Maßstab 1 : 200, wenn es 24 m lang, 35 m breit und 61 m hoch wäre?
b) Um welches Vielfache ist das Volumen des Originals größer als das des Modells? Begründe.

Methode: Vergrößern und Verkleinern mit Hilfe einer zentrischen Streckung

Eine maßstäbliche Vergrößerung oder Verkleinerung einer Figur kann man mit Hilfe einer zentrischen Streckung durchführen.
Das Streckungszentrum wird mit Z bezeichnet.
Z kann sowohl außerhalb der Figur, auf ihrem Rand oder innerhalb der Figur liegen.

BEISPIEL

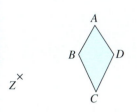

Ein Drachen soll mit Hilfe einer zentrischen Streckung verändert werden:
einmal soll er auf die doppelte Größe vergrößert und einmal auf die Hälfte verkleinert gezeichnet werden.
Das Streckungszentrum Z wird außerhalb der Figur gewählt.

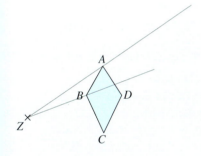

Von Z ausgehend wird durch jeden Eckpunkt des Drachens ein Strahl gezeichnet.

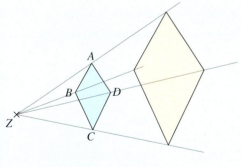

Für die Vergrößerung wird auf jedem Strahl die Länge der Strecke zwischen Z und dem Eckpunkt des Drachens verdoppelt. Diese Punkte werden als Eckpunkte des vergrößerten Drachens markiert. Aus ihnen entsteht der vergrößerte gelbe Drachen im Maßstab 2 : 1.

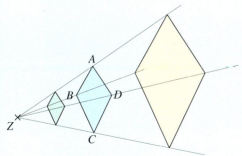

Auf jedem Strahl wird die Länge der Strecke zwischen Z und dem Eckpunkt des Drachens halbiert. Dieser Punkt wird jeweils als Eckpunkt des verkleinerten grünen Drachens markiert. Durch die Verbindung dieser Punkte entsteht der verkleinerte blauen Drachen im Maßstab 1 : 2.

61

Ähnlichkeit

17 Zeichne ein beliebiges Dreieck ins Heft. Vergrößere und verkleinere das Dreieck mit Hilfe einer zentrischen Streckung.
a) Wähle Z innerhalb des Dreiecks.
b) Wähle Z außerhalb des Dreiecks.
c) Z liegt auf dem Punkt A des Dreiecks.

18 Übertrage die Zeichnungen und das Streckungszentrum Z in dein Heft. Lasse genügend Platz zwischen den Zeichnungen. Vergrößere die Zeichnungen mit k = 2.

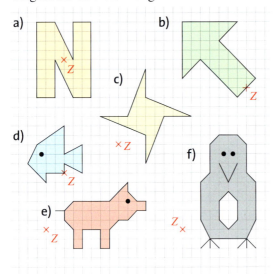

19 Übertrage die Buchstaben in dein Heft. Wähle ein geeignetes Streckungszentrum und vergrößere die Buchstaben mit k = 2.

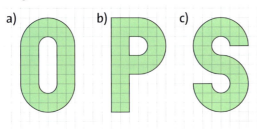

20 Zeichne ein unregelmäßiges Sechseck auf ein weißes Blatt Papier. Jede Seitenlänge soll mindestens 3 cm lang sein. Lege das Streckungszentrum Z innerhalb der Figur fest.
a) Vergrößere das Sechseck mit k = 2.
b) Verkleinere das Sechseck mit $k = \frac{1}{3}$.

21 Zeichne ein beliebiges Fünfeck auf ein weißes Blatt Papier. Lege das Streckungszentrum Z auf einer Ecke fest.
a) Vergrößere es mit k = 3.
b) Verkleinere es mit k = 0,5.

22 Zeichne einen Fisch ähnlich wie im Bild auf ein weißes Blatt Papier.

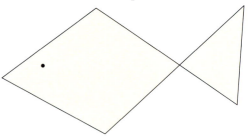

a) Wähle ein Streckungszentrum außerhalb des Fisches und verdopple seine Seitenlängen maßstabsgerecht.
b) Lege Z auf der unteren Ecke fest und verkleinere die Seiten um die Hälfte.

23 Zeichne das Schrägbild eines Würfels mit der Kantenlänge a = 8 cm. Lege Z auf einer Ecke des Würfels fest.
a) Verkleinere den Würfel mit $k = \frac{1}{2}$.
b) Wie groß ist das Volumen des kleineren Würfels im Vergleich zum Original?

24 Bei welchen Figuren wählst du am besten eine zentrische Streckung zur Vergrößerung? Welche Figuren lassen sich schneller über eine Vervielfachung der Seitenlängen vergrößern? Begründe.

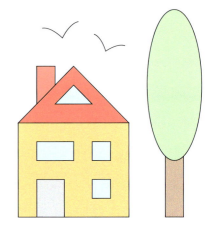

Ähnlichkeit im geometrischen Sinn

■ Ähnlichkeit im geometrischen Sinn

Erforschen und Entdecken

1 Das links abgebildete Originalfoto hat das Format 4 cm mal 6 cm. Alle anderen Fotos sind dazu in gewisser Weise ähnlich. Aber nur eines ist zum Original auch geometrisch ähnlich.

Original

①

②

③

a) Welches Foto hältst du für **geometrisch** ähnlich zum Original? Begründe.
b) Warum gehören die anderen Fotos nicht dazu?
c) Wie würdest du entscheiden, wenn eins der beiden zueinander ähnlichen Fotos ein Schwarz-Weiß-Foto wäre?

2 Konstruiere die angegebenen fünf Dreiecke auf einem extra Blatt Papier so, dass sie sich nicht überschneiden. Nummeriere sie und schneide sie aus.

① $a = 3$ cm
$c = 5$ cm
$\beta = 70°$

② $a = 5$ cm
$b = 3$ cm
$c = 4$ cm

③ $a = 1,5$ cm
$c = 2$ cm
$\beta = 90°$

④ $a = 6$ cm
$c = 10$ cm
$\beta = 70°$

⑤ $a = 3$ cm
$b = 5$ cm
$c = 4$ cm

a) Sortiere die Dreiecke nach ihrer Ähnlichkeit. Vergleicht eure Ergebnisse in der Klasse.
b) Worin besteht ihre Ähnlichkeit? Was ist gleich, was verschieden? Beschreibe die Merkmale.
c) Zeichne Dreiecke, die zu den ausgeschnittenen Dreiecken ähnlich sind.
Wie bist du vorgegangen?
d) Du möchtest ein Dreieck vergrößern. Welche Werte musst du verändern und welche Angaben bleiben gleich?

3 Beschreibe in deinen Worten, wie zwei zueinander ähnliche Kreisausschnitte aussehen müssen.
Welche Maße bleiben gleich, welche können sich verändern?
Betrachte dazu die Abbildung.

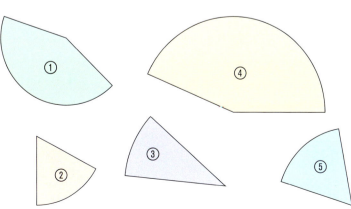

63

Ähnlichkeit

Lesen und Verstehen

Lisas Hausaufgabe ist es, zu Hause geometrisch ähnliche Figuren zu suchen und sie in die Schule mitzubringen.
Lisa muss lange suchen. Sie findet erst nur Dinge, die nur im allgemeinen Sprachgebrauch ähnlich sind, wie z. B. Schlüssel oder Schuhe. Bei ihrem kleinen Bruder im Zimmer entdeckt sie schließlich das Holzpuzzle rechts und bringt es mit zur Schule.

BEACHTE
Vereinfachte Darstellung des Holzpuzzles rechts

Im geometrischen Sinn hat das Wort „ähnlich" eine ganz präzise Bedeutung:

Zwei Figuren heißen zueinander **ähnlich**, wenn sie durch maßstäbliches Vergrößern oder Verkleinern auseinander hervorgehen. Auch kongruente Figuren sind zueinander ähnlich.

BEISPIEL ähnliche Trapeze

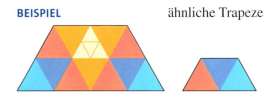

Beim maßstäblichen Vergrößern oder Verkleinern bleibt die Form erhalten.
Für die Ähnlichkeit ohne Bedeutung sind Farbe, Lage und auch Größe.

ERINNERE DICH
Kongruent heißt deckungsgleich. Kongruente Figuren haben die gleiche Form und Größe.

Basisaufgaben

1 Welche Dreiecke sind zueinander ähnlich? Begründe.

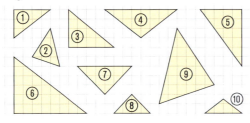

2 Welche Vierecke sind zueinander ähnlich? Begründe.

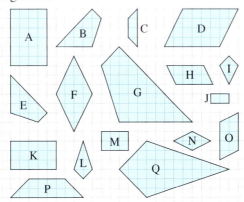

3 Welche zwei Figuren sind jeweils geometrisch ähnlich?

a)
b)
c)

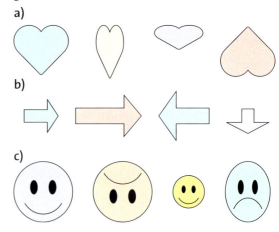

4 Betrachte die Groß- und Kleinbuchstaben:

A, B, C …   a, b, c …

Im geometrischen Sinn können – je nach Schriftart – nur einige Großbuchstaben unseres Alphabets ähnlich zu ihren Kleinbuchstaben sein.
Welche Buchstaben sind das? Begründe.

64

Ähnlichkeit im geometrischen Sinn

5 Ein Kreisausschnitt soll vergrößert werden. Die Größe des Mittelpunktswinkels und der Radius werden verdoppelt. Entsteht ein ähnlicher Kreisausschnitt? Begründe mit Hilfe einer Zeichnung.

6 Beschreibe mögliche Fehler…
a) beim Vergrößern und Verkleinern von Figuren.
b) beim Überprüfen, ob zwei Figuren zueinander ähnlich sind.

7 Ein Parallelogramm in einem Koordinatensystem hat die Koordinaten $A(1|1)$, $B(3|1)$, $C(4|4)$, $D(2|4)$.
Daneben entsteht ein dazu ähnliches, mit $k = 3$ vergrößertes Parallelogramm. Sein erster Eckpunkt ist $A'(5|2)$.
a) Wo liegen die anderen Eckpunkte?
b) Wie lauten die drei anderen Eckpunkte bei einer Vergrößerung mit $k = 2$?
c) Wo liegen die drei anderen Eckpunkte bei einer Verkleinerung mit $k = \frac{1}{2}$?

Weiterführende Aufgaben

8 Paula behauptet, dass alle möglichen Rechtecke zueinander ähnlich sind, da sie in allen vier Winkeln übereinstimmen. Überprüfe Paulas Aussage. Beschreibe dann in deinen Worten, wie zwei zueinander ähnliche Rechtecke aussehen müssen.

9 Eine Landkarte und das auf der Landkarte dargestellte Gebiet sind zueinander ähnlich.
a) Handelt es sich um eine Ähnlichkeit im geometrischen Sinn? Diskutiert darüber in eurem Kurs.
b) Informiere dich darüber, wie solche Landkarten entstehen.
c) Suche deine Schule auf einer Karte im Internet. Dort kannst du zwischen Karte und Luftaufnahme wechseln. Beschreibe Gemeinsamkeiten und Unterschiede.

10 In ein Koordinatensystem wurden zwei zueinander ähnliche Drachen eingezeichnet.

Original: $A(2|0)$; $B(4|6)$; $C(2|8)$; $D(0|6)$
Bild: $E(10|0,5)$; $F(11|4)$; $G(10|5,5)$; $H(9|4)$

Dabei ist jedoch ein Fehler passiert.
a) Welche Punkte sind nicht korrekt?
b) Finde mehrere Möglichkeiten, den Bilddrachen zu korrigieren.

11 Wahr oder falsch? Begründe.
Immer zueinander ähnlich sind zwei …
a) gleichschenklige Dreiecke
b) gleichseitige Dreiecke
c) Rechtecke
d) Kreise
e) Rauten
f) Parallelogramme
g) Trapeze
h) Quadrate
i) Würfel
j) Quader

12 Die Buchstaben unten weisen unterschiedliche, nicht nur geometrische Ähnlichkeiten auf.

A	**A**	**H**	𝒜	H	ℌ	H
⬛	A	H	𝓗	H	A	𝔄

a) Beschreibe diese Ähnlichkeiten.
b) Nur zwei Buchstaben sind auch im geometrischen Sinne ähnlich. Welche sind es?

Ähnlichkeit in der Kunst

In der bildenden Kunst finden sich viele Beispiele für Vergrößerungen und vor allem für Verkleinerungen. Hier geht es jedoch nicht um geometrische Ähnlichkeit, sondern darum, dass die Wirklichkeit (im allgemeinen Verständnis) mehr oder weniger ähnlich dargestellt wird.

Der französische Maler Pierre-Auguste Renoir (1841 bis 1919) arbeitete viel mit Menschen, die für ihn Modell standen. Am Bild links erkennst du, dass er bemüht war, die beiden Mädchen am Klavier möglichst wirklichkeitsgetreu abzubilden.
Auf den Bildern „Marzella" von Ernst Ludwig Kirchner (1880 bis 1938) und „Der Kuss" von Gustav Klimt (1862 bis 1918) dagegen wird die Wirklichkeit stärker verfremdet dargestellt.

1 Aus dem Kunstunterricht kennst du vielleicht die unten beschriebene Methode zur Vergrößerung eines Bildes.
Führe folgende Arbeitsschritte durch:
1. Nimm ein Foto von dir und belege es mit einem Raster.
2. Zeichne auf ein Blatt Papier ein größeres Raster, dessen Zeilen- und Spaltenanzahl deiner Vorlage entsprechen.
3. Übertrage das Bild nun Kästchen für Kästchen in das große Raster.
a) Vergleiche das Ergebnis mit dem Original. Sieht deine Zeichnung dem Foto ähnlich?
b) Wie könntest du vorgehen, um ein noch besseres Ergebnis zu erhalten?

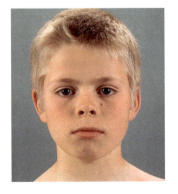 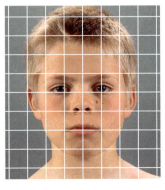

Wenn man einem Bild eine Tiefe geben möchte, so kann man mit einem Fluchtpunkt arbeiten. Technisch gesehen greift man dabei auf eine zentrische Streckung zurück. Der Fluchtpunkt ist das Streckungszentrum Z.

2 Zeichne einen Raum mit Fluchtpunkt:
Beginne mit einem Rechteck in der Mitte. Lege den Fluchtpunkt in die Mitte des Rechtecks.
Alle horizontal verlaufenden Linien im Raum beginnen in einer (gedachten) Verlängerung im Fluchtpunkt.

Auch im Theater trifft man auf Vergrößerungen und Verkleinerungen und auf die Technik der zentrischen Streckung. Am deutlichsten wird dies im Schattentheater, in dem durch die unterschiedlichen Entfernungen von Lichtquelle, Akteur und Projektionsfläche die Größe des Schattens variiert.

3 Zeichne ein schlichtes Haus auf Pappe und schneide es aus. Halte das Haus zwischen eine Lichtquelle (am besten ein Halogenstrahler) und eine Wand und experimentiere mit dem Schatten des Hauses.
a) Wie verändert sich die Größe des Schattens, wenn das Haus näher an der Lichtquelle bzw. weiter von ihr entfernt ist?
b) Was passiert, wenn du die Lichtquelle auf die Wand zu- bzw. von ihr weg bewegst?
c) Versuche deine Anordnung so zu stellen, dass die Seitenlängen des Schattens genau doppelt (dreifach, vierfach, …) so groß sind wie die von deinem Original.
d) Skizziere den Versuchsaufbau von der Seite und zeichne den Weg der Lichtstrahlen ein. Es soll erkennbar sein, wie der Schatten entsteht und wie es zu der Veränderung der Größe kommt.

4 Mit einfachen Möglichkeiten kann man ein Schattentheater aufführen. Dabei bewegt man sich wie im Bild vor einer Wand oder hinter einer Leinwand. Für den Zuschauer ist nur der Schatten sichtbar.
a) Experimentiert mit einer Wand, einer Lichtquelle (am besten ein Halogenstrahler) und eurem Schatten.
b) Lasst einen „Zwerg" und einen „Riesen" miteinander auftreten.
c) Verfasst eine kleine Szene und spielt diese eurem Kurs vor.

Ähnlichkeit

Vermischte Übungen

BEACHTE
Die Lösungen zu Aufgabe 1 ergeben in der richtigen Reihenfolge den Namen eines Landes. Auf welchem Kontinent liegt dieses Land?
11,2 (S); 16 (C); 17,5 (O); 19,7 (A); 20 (H); 21 (M); 22 (D); 24 (B); 24,2 (A); 34,5 (K)

1 Zeichne die Vierecke.
Berechne sowohl den Flächeninhalt als auch den Umfang.
Miss eventuell fehlende Seitenlängen in deiner Zeichnung.
a) Rechteck mit den Seitenlängen $a = 7,5$ cm und $b = 4,6$ cm
b) Raute mit $a = 6$ cm und $\alpha = 35°$
c) Parallelogramm mit $a = 7$ cm; $b = 4$ cm und $h = 2,5$ cm
d) Drachen mit $a = 6$ cm; $b = 2$ cm und $f = 7$ cm
e) gleichschenkliges Trapez mit $a = 8$ cm; $c = 4,5$ cm; $h = 3,2$ cm; $\alpha = 62°$

2 Vergrößere bzw. verkleinere das Rechteck. Gib die neuen Seitenlängen und den Maßstab an.
a) $a = 2$ cm; $b = 3$ cm; $k = 2$
b) $a = 4,5$ cm; $b = 3$ cm; $k = \frac{1}{3}$
c) $a = 4$ cm; $b = 6$ cm; $k = 1,5$
d) $a = 9,6$ cm; $b = 6,4$ cm; $k = \frac{1}{4}$

3 Gib die Längen im jeweils gefragten Maßstab an. Wähle eine sinnvolle Einheit.

	Originallänge	Maßstab
a)	23 cm	1 : 10
b)	154 m	1 : 100
c)	0,2 mm	150 : 1
d)	3,4 cm	5 : 1
e)	56,7 m	1 : 250
f)	0,0085 mm	500 : 1
g)	647,8 km	1 : 10 000 000
h)	789,4 km	1 : 20 000 000
i)	384 400 km	1 : 1 Mrd.

4 Gib die Maßstäbe aus der Tabelle in Aufgabe 3 als Streckungsfaktoren k an.

5 Zeichne ein Parallelogramm mit $a = 4$ cm, $b = 6$ cm und $\alpha = 35°$.
a) Vergrößere es mit $k = 2$.
b) Verkleinere es mit $k = \frac{1}{2}$.
c) Gib jeweils den Flächeninhalt an. Entnimm die fehlenden Maße deiner Zeichnung.

6 Ein Modellauto ist im Maßstab 1 : 18 gebaut. Seine Höhe beträgt 7,9 cm.
a) Wie hoch ist das Original?
b) Das Original ist 1,62 m breit. Wie breit ist das Modell?
c) Zeichne ein vereinfachtes Auto und vergrößere es mit $k = 2,5$.

7 Ein Auto ist in Wirklichkeit 1,70 m breit, sein Modell ist 3,4 cm breit. Sein Nummernschild ist in Wirklichkeit 52 cm breit und soll auch im Modell zu sehen sein. Wie breit muss es sein?

8 Modellbahnen mit der Bezeichnung H0 sind in einem Maßstab von 1:87 gebaut. Ein Mittelwagen des ICE 3 ist in Wirklichkeit 24 775 mm lang, 3890 mm hoch und 2950 mm breit.

a) Wie lang ist sein Modell?
b) Berechne Höhe und Breite des Modellwagens.
c) Wie lang ist der Originalzug, wenn das Modell eine komplette Zuglänge von etwa 230,85 cm hat?
d) Wie viele Wagen hat ein Zug dieser Länge?

9 Zeichne den Anfangsbuchstaben deines Namens auf ein weißes Blatt Papier und vergrößere ihn mit $k = 2$.
a) Lass von deinem Nachbarn kontrollieren, ob deine Buchstaben wirklich ähnlich zueinander sind oder ob du verzerrt gezeichnet hast.
b) Woran kann man eine Verzerrung erkennen? Beschreibe.

Vermischte Übungen

10 Zwei amerikanischen Forschern zufolge sind sich Hund und Besitzer tatsächlich ähnlich. Jedoch werden sich Mensch und Hund nicht immer ähnlicher, sondern der Mensch sucht sich einen ihm ähnlichen Hund aus.

a) Beschreibe die Ähnlichkeiten, die du jeweils feststellen kannst.
b) Nenne die Kriterien, die für die Ähnlichkeit im geometrischen Sinn gelten.

11 Finde ähnliche Figuren. Bestimme den Streckungsfaktor.

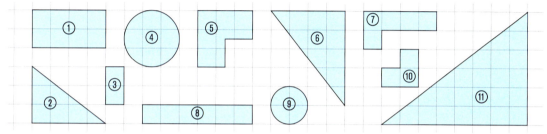

12 ➡ Miss die Länge und die Breite deines Zimmers.
a) Fertige einen maßstabsgerechten Grundriss deines Zimmers an.
   Welchen Maßstab wählst du dafür und warum?
b) Zeichne ebenfalls maßstabsgerecht deine Möbel ein.

13 Zeichne ein einfaches Tier – ähnlich wie in den Bildern dargestellt – in dein Heft oder auf ein weißes Blatt Papier.
Lege ein Streckungszentrum fest und vergrößere dein Bild mit Hilfe einer zentrischen Streckung.

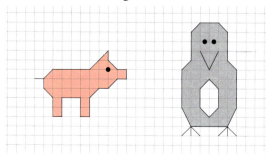

14 Zu Fußballweltmeisterschaften werden viele Nationalflaggen in unterschiedlichen Größen verkauft. Das Verhältnis der Höhe zur Länge ist immer $3:5$.
a) Ein Anbieter verkauft eine Flagge mit den Maßen $90\,\text{cm} \times 150\,\text{cm}$. Entspricht das der korrekten Größe?
b) Übertrage die Fahne in einem geeigneten Maßstab in dein Heft.
   Gib den Maßstab an.
c) Vergleicht eure Zeichnungen untereinander. Diskutiert, was ein geeigneter Maßstab ist.

15 Zeichne ein Quadrat mit der Seitenlänge $a = 3\,\text{cm}$ und vergrößere es mit dem Streckungsfaktor $k = 2$.
a) Wie verändert sich der Flächeninhalt?
b) Mit welchem Streckungsfaktor erhält man den neunfachen Flächeninhalt?
c) Mit welchem Streckungsfaktor erhält man etwa den doppelten Flächeninhalt?

Ähnlichkeit

Vom Plan zum Haus

Plan im Maßstab 1 : 200

a) Übertrage die Außenmauern des Grundrisses in gleicher Größe in dein Heft. Beschrifte jede Außenwand mit ihrer wirklichen Länge.

b) Welche Größe hat das Schlafzimmer im Original? Berechne seinen Flächeninhalt, indem du zunächst die wirklichen Seitenlängen ermittelst.

c) Wie viel Quadratmeter misst die Grundfläche des gesamten Hauses ohne die Terrasse?

d) Wie würde der Maßstab lauten, wenn die längste Seite des Hauses in Wirklichkeit 18 m lang wäre?

e) Wie lang ist die eine Seite des Pools in Wirklichkeit, wenn sein Flächeninhalt auf dem Plan 6,6 cm² beträgt und die andere Seite dort 2,2 cm lang ist?

f) Übertrage die rechts abgebildete Küche in dein Heft und vergrößere sie samt Einrichtung mit $k = 2$.

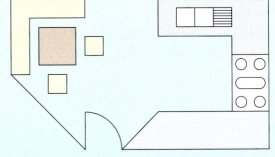

g) Wievielmal größer wäre die Fläche des Schlafzimmers im Original, wenn der Maßstab im Plan oben 1 : 250 betragen würde?

h) Das Haus steht auf einer rechteckigen Grundstücksfläche, auf dem Rasen gesät werden soll. Im Plan mit dem Maßstab 1 : 200 sind die Seitenlängen 18 cm × 15 cm lang. Durch Steinplatten und den Pool bedeckt sind in Wirklichkeit 155 m². Wie viele Pakete Rasensamen werden benötigt? Ein Paket Rasensamen von 4 kg reicht für 200 m² Rasen.

Ähnlichkeit

Alles klar?

Entscheide, ob die Aussagen richtig oder falsch sind.
Begründe deine Entscheidung im Heft und korrigiere gegebenenfalls.

1 Besondere Vierecke

a) Ein Quadrat ist immer auch eine Raute und ein Rechteck.
b) Der Flächeninhalt eines Drachens berechnet sich über die Seitenlängen.
c) Die Formel für den Umfang eines Trapezes lautet $u = 2a + 2b$.

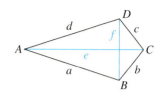

2 Vergrößern und Verkleinern

a) Ein Maßstab von 5 : 1 bedeutet eine Verkleinerung gegenüber der Wirklichkeit.
b) Ist der Streckungsfaktor $k > 1$, so spricht man von einer maßstäblichen Verkleinerung.
c) Bei einer Vergrößerung mit einem Streckungsfaktor von $k = 3$ ergibt sich der Maßstab 3:1.
d) Das blaue Dreieck rechts ist aus dem roten Dreieck durch eine Vergrößerung mit $k = \frac{1}{2}$ hervorgegangen.
e) Ein Quadrat mit einer Seitenlänge von $a = 5\,\text{cm}$ wird mit $k = 3$ vergrößert. Der Flächeninhalt des Bildquadrats ist dann dreimal so groß wie beim Originalquadrat.
f) Die Höhe eines Modellautos bei einem Maßstab von 1 : 25 beträgt 6,8 cm. Im Original ist das Auto 1,70 m hoch.
g) In Wirklichkeit ist ein Maikäfer 2,5 cm lang. In einem Buch ist er mit einer Länge von 15 cm abgebildet. Der Maßstab beträgt also 6 : 1.

BEACHTE
Die Lösungen zu den Aufgaben auf dieser Seite sowie dazu passende Trainingsaufgaben findest du auf Seite 148.

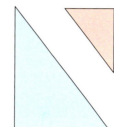

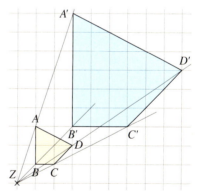

3 Zentrische Streckung

a) Liegt das Streckungszentrum innerhalb der Originalfigur, so überschneiden sich Bild und Original teilweise.
b) Der Streckungsfaktor in der Abbildung rechts beträgt $k = 4$.

4 Ähnlichkeit im geometrischen Sinn

a) Die drei abgebildeten Esel sind zueinander geometrisch ähnlich.
b) Quadrate, Kreise und Rauten sind sich immer geometrisch ähnlich.
c) Haben zwei Dreiecke gleich große Winkel, aber unterschiedlich lange Seiten, so sind sie zueinander ähnlich.
d) Das oben abgebildete rote Dreieck ist zu dem blauen wegen der unterschiedlichen Lage und der anderen Farbe nicht ähnlich.

Ähnlichkeit

Zusammenfassung

→ Seite 54

Besondere Vierecke

Für die Berechnung von Umfang und Flächeninhalt gelten folgende Formeln:

Quadrat
$u = 4a$
$A = a \cdot a = a^2$

Rechteck
$u = 2a + 2b = 2(a + b)$
$A = a \cdot b$

Raute
$u = 4a$
$A = a \cdot h_a$

Parallelogramm
$u = a + b + c + d$
$A = a \cdot h_a$

Trapez mit a∥c
$A = \frac{(a + g) \cdot h}{2}$

Drachen
$A = e \cdot f$
mit Diagonalen e, f

→ Seiten 58, 61

Vergrößern und Verkleinern; Zentrische Streckung

Um Figuren maßstäblich zu vergrößern oder zu verkleinern, multipliziert man die Seitenlängen des Originals mit dem **Streckungsfaktor k** und zeichnet das Bild mit den neu berechneten Längen. Die Winkelgrößen ändern sich nicht.

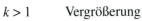

$k > 1$ Vergrößerung
             Maßstab $x : 1$ mit $x = k$
$0 < k < 1$ Verkleinerung
             Maßstab $1 : x$ mit $x = \frac{1}{k}$

Maßstäbliches Vergrößern oder Verkleinern mit Hilfe einer **zentrischen Streckung**:
Das **Streckungszentrum** wird mit **Z** bezeichnet, der **Streckungsfaktor** mit **k**.

→ Seite 64

Ähnlichkeit im geometrischen Sinn

Zwei Figuren heißen zueinander **ähnlich**, wenn sie durch maßstäbliches Vergrößern oder Verkleinern auseinander hervorgehen. Beim maßstäblichen Vergrößern oder Verkleinern bleibt die Form erhalten. Unbedeutend sind Farbe, Lage und Größe.

ähnliche Trapeze:

Kreise

Das derzeit größte Riesenrad der Welt ist der „Las Vegas High Roller" in den USA. Die Gondeln des Riesenrads bewegen sich auf einer Kreisbahn, die einen Durchmesser von 158 m besitzt. Für eine Umrundung benötigt das Rad etwa eine halbe Stunde.

In diesem Kapitel erfährst du, wie man die Länge des Weges berechnet, den eine Gondel bei einer Umdrehung zurücklegt, und mit welcher Geschwindigkeit sich das Rad des „Las Vegas High Rollers" dreht. Du lernst außerdem, welchen Einfluss die Kreiszahl Pi, kurz π, bei der Berechnung des Kreisumfangs hat und wie man den Flächeninhalt von Kreisen bestimmt.

Kreise

Noch fit?

⌕ 074-1
Unter diesem Webcode gibt es eine Partnerübung zum Umrechnen von Längenangaben.

1 Gib in der Einheit an, die in Klammern steht.
a) 30 mm (cm)   b) 4 m (dm)   c) 5 km (m)   d) 78 cm (dm)
e) 0,6 cm (mm)   f) 250 mm (dm)   g) 0,8 km (m)   h) 25 cm (m)
i) 3 dm 7 cm (cm)   j) 2 m 9 cm (cm)   k) 5 cm 4 mm (cm)   l) 4 m 6 cm (m)

2 Gib in der Einheit an, die in Klammern steht.
a) 500 mm^2 (cm^2)   b) 4000 cm^2 (dm^2)   c) 3 m^2 (dm^2)
d) 2 ha (m^2)   e) 4,8 dm^2 (cm^2)   f) 0,25 cm^2 (mm^2)
g) 0,5 km^2 (ha)   h) 4 cm^2 20 mm^2 (mm^2)   i) 8 dm^2 25 cm^2 (dm^2)

3 Berechne schriftlich.
a) 17 · 6   b) 245 · 8   c) 2094 · 7   d) 25 · 16   e) 83 · 350
f) 269 · 907   g) 208 · 603   h) 28^2 i) 1764 : 3   j) 3152 : 4
k) 4584 : 6   l) 2156 : 7   m) 46 592 : 8   n) 45 549 : 9   o) 42 144 : 12

4 Ergänze die Wertetabellen proportionaler Zuordnungen.

a)
Anzahl	0	1	2	3	4	
Preis (in €)		8				40

b)
Seitenlänge eines Quadrats (in m)	0,5	1	1,5	2	2,5	3
Umfang (in m)			6			

5 Löse die Gleichungen.
a) $4x = 16$ b) $4 + x = 16$ c) $x - 4 = 16$ d) $4x - 4 = 16$
e) $4x + 4 = 16$ f) $4x + 1 = 16 + x$ g) $4x - 5 = 2x + 1$ h) $x : 4 = 5$

6 Übertrage die Tabelle ins Heft und kreuze die zutreffenden Eigenschaften der Vierecke an.

	Quadrat	Rechteck	Raute	Parallelogramm	Drachen	Trapez
Benachbarte Seiten stehen senkrecht aufeinander.						
Gegenüberliegende Seiten sind parallel zueinander.						
Gegenüberliegende Seiten sind gleich lang.						
Benachbarte Seiten sind gleich lang.						
Alle Seiten sind gleich lang.						
Die Diagonalen stehen senkrecht aufeinander.						
Die Diagonalen halbieren sich.						

Bunt gemischt

1. Zwei Maler benötigen für eine Arbeit 12 Stunden. Dann brauchen drei Maler für die gleiche Arbeit ◼ Stunden.
2. Wie groß ist die Innenwinkelsumme in einem Dreieck (in einem Viereck)?
3. Berechne: $6 + 9 · 3$ und $(6 + 9) · 3$
4. Richtig oder falsch? Der Oberflächeninhalt eines Würfels mit $a = 3$ cm ist 54 cm^2 groß.
5. Wie groß ist die Wahrscheinlichkeit, mit einem „fairen Würfel" eine gerade Zahl zu werfen?
6. Berechne 50 % von 300 € und 2 % von 800 €.

■ Umfang und Flächeninhalt (Wiederholung)

Erforschen und Entdecken

1 Zeichne die Vierecke mit Hilfe einer dynamischen Geometrie-Software (kurz DGS) nach.

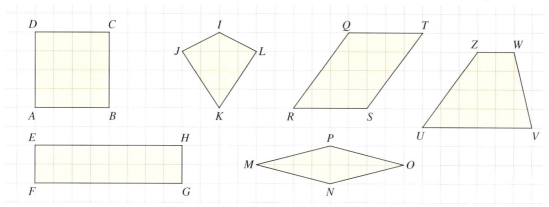

a) Übertrage die Tabelle in dein Heft. Ordne darin den Vierecken die passende Bezeichnung zu: Drachen, Parallelogramm, Quadrat, Raute, Rechteck, Trapez.

	ABCD	EFGH	IJKL	MNOP	QRST	UVWZ
Bezeichnung	Quadrat					
Seitenlängen	$a =$					
Flächeninhalt	$A =$					
Umfang	$u =$					

b) Gib die Seitenlängen der Vierecke und ihren Flächeninhalt an.
Lies in der DGS die weiteren nötigen Längen ab. Bei vielen Programmen kannst du sie im Algebra-Fenster ablesen. Berechne dann die Umfänge und trage die Ergebnisse ebenfalls in die Tabelle ein.

c) Bildet Kleingruppen und erklärt mit Hilfe einer Zeichnung, …
① warum der Flächeninhalt des Vierecks *IJKL* halb so groß ist wie der des Vierecks *ABCD*.
② warum der Flächeninhalt des Vierecks *MNOP* halb so groß ist wie der des Vierecks *EFGH*.
③ warum der Flächeninhalt des Vierecks *QRST* genauso groß ist wie der des Vierecks *ABCD*.
④ warum der Flächeninhalt des Vierecks UVWZ genauso groß ist wie der des Vierecks *QRST*.

2 Ordne den Vierecken die passenden Formeln zu: einmal für die Berechnung des Flächeninhalts und einmal für die Berechnung des Umfangs. Einige Formeln müssen mehrfach verwendet werden.
Erkläre die Bedeutung der verwendeten Variablen a, b, c, d, e, f, g, h und h_g.

↻ 075-1
Unter diesem Webcode findest du die Kärtchen von Aufgabe 2 zum Ausdrucken.

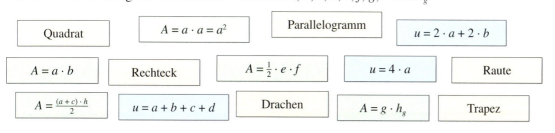

Kreise

Lesen und Verstehen

Der **Umfang** eines Vierecks ist die Summe seiner Seitenlängen: $u = a + b + c + d$.

Weil beim **Quadrat** und bei der **Raute** alle Seiten gleich lang sind, kann der Umfang auch so berechnet werden:
$u = 4 \cdot a$

Beim **Rechteck**, beim **Drachen** und beim **Parallelogramm** sind jeweils zwei Seiten gleich lang.
Also gilt hier: $u = 2 \cdot a + 2 \cdot b$.

BEISPIELE
gegeben: Raute mit $a = 3\,\text{m}$
$u = 4 \cdot 3\,\text{m} = 12\,\text{m}$

gegeben: Parallelogramm mit
$a = 3\,\text{cm}$ und $b = 5\,\text{cm}$
$u = 2 \cdot 3\,\text{cm} + 2 \cdot 5\,\text{cm} = 16\,\text{cm}$

Den **Flächeninhalt** eines **Rechtecks** bestimmt man, indem man Länge und Breite multipliziert:
$A = a \cdot b$

Weil beim **Quadrat** alle Seiten gleich lang sind, gilt hier: $A = a \cdot a = a^2$.

BEISPIELE
gegeben: Rechteck mit
$a = 4\,\text{dm}$ und $b = 6\,\text{dm}$
$A = 4\,\text{dm} \cdot 6\,\text{dm} = 24\,\text{dm}^2$

gegeben: Quadrat mit $a = 3\,\text{m}$
$A = 3\,\text{m} \cdot 3\,\text{m} = 9\,\text{m}^2$

Die Formeln für spezielle Vierecke ergeben sich, wenn man sie zu Rechtecken umformt.

Der **Flächeninhalt eines Parallelogramms** ist das Produkt aus der Grundseite und der darauf stehenden Höhe.
$A_{\text{Parallelogramm}} = g \cdot h_g$

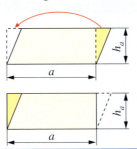

BEISPIEL
Es gilt: $g = a$ und $h_g = h_a$
gegeben:
$a = 60\,\text{m}, h_a = 25\,\text{m}$

Der Flächeninhalt beträgt
$A = 60\,\text{m} \cdot 25\,\text{m} = 1500\,\text{m}^2$.

Der **Flächeninhalt eines Trapezes** wird berechnet, indem man die Summe beider parallelen Seiten mit der Höhe des Trapezes multipliziert und das Ergebnis durch 2 teilt.
$A_{\text{Trapez}} = \frac{(a + c) \cdot h}{2}$

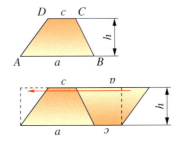

BEISPIEL
gegeben:
$a = 40\,\text{m}, c = 16\,\text{m},$
$h = 55\,\text{m}$

Der Flächeninhalt beträgt
$A = \frac{(40 + 16) \cdot 55}{2}\,\text{m}^2 = 1540\,\text{m}^2$.

BEACHTE
Eine Raute ist ein spezielles Parallelogramm. Ihr Flächeninhalt kann somit auch mit der Formel für das Parallelogramm berechnet werden.

Der **Flächeninhalt eines Drachens** (oder einer Raute) ist die Hälfte des Produkts der Diagonalen.
$A_{\text{Drachen}} = \frac{e \cdot f}{2}$

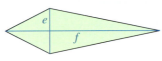

BEISPIEL
gegeben:
$e = 40\,\text{m}, f = 60\,\text{m}$

Der Flächeninhalt beträgt
$A = \frac{40 \cdot 60}{2}\,\text{m}^2 = 1200\,\text{m}^2$.

Umfang und Flächeninhalt (Wiederholung)

Basisaufgaben

1 Ordne den Vierecken in der Randspalte die passende Bezeichnung zu: Quadrat, Rechteck, Raute, Parallelogramm, Trapez, Drachen.

2 Berechne den Umfang und den Flächeninhalt der Quadrate.
a) $a = 3\,\text{cm}$ b) $a = 6\,\text{m}$
c) $a = 10\,\text{mm}$ d) $a = 12\,\text{dm}$
e) $a = 0{,}8\,\text{km}$ f) $a = 1{,}1\,\text{mm}$
g) $a = 1{,}4\,\text{dm}$ h) $a = 2\,\text{cm}\,5\,\text{mm}$

3 Berechne den Umfang und den Flächeninhalt der Rechtecke.
a) $a = 4\,\text{cm},\ b = 7\,\text{cm}$
b) $a = 6\,\text{m},\ b = 2\,\text{m}$
c) $a = 10\,\text{mm},\ b = 8\,\text{mm}$
d) $a = 4{,}5\,\text{dm},\ b = 8\,\text{dm}$
e) $a = 1{,}5\,\text{cm},\ b = 90\,\text{mm}$

4 Berechne die fehlenden Größen der Rechtecke.

	a)	b)	c)	d)	e)
a	3 cm	8 m		150 m	
b	4 cm		3 mm		8 mm
u			16 mm	1 km	
A		40 m²			2 cm²

5 Berechne den Umfang der Vierecke.
a) Quadrat: $a = 9\,\text{mm}$
b) Rechteck: $a = 15\,\text{cm},\ b = 10\,\text{cm}$
c) Raute: $a = 7\,\text{dm}$
d) Parallelogramm: $a = 25\,\text{m},\ b = 5\,\text{m}$
e) Drachen: $a = 17\,\text{cm},\ b = 8\,\text{cm}$
f) Trapez: $a = 10\,\text{m},\ b = d = 5\,\text{m},\ c = 4\,\text{m}$

6 Berechne den Flächeninhalt der Rauten.

	Diagonale e	Diagonale f
a)	8 cm	5 cm
b)	3 m	12 m
c)	5 dm	7 dm
d)	0,5 m	8 m
e)	0,6 dm	5 cm
f)	1 km	300 m
g)	2,3 cm	1,5 cm

7 Berechne den Umfang und den Flächeninhalt der Drachen.

	a)	b)	c)
a	2,2 m	3,6 cm	4,5 mm
b	3,6 m	5 cm	5,7 mm
e	4 m	6 cm	6 mm
f	4 m	6 cm	8 mm

8 Berechne die fehlenden Größen der Parallelogramme.

	a	b	h_a	u	A
a)	5 cm	4 cm	3 cm		
b)	12 m	10 m	8 m		
c)	6 dm	7 dm			30 dm²
d)	11 m		6 m	40 m	
e)			12 m	56 m	132 m²

9 Berechne den Flächeninhalt der Trapeze. Die Zeichnungen sind nicht maßstäblich.

a)
b)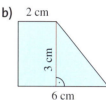
c)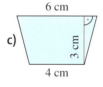
d)
e)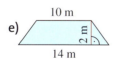
f)

10 Zeichne die Vierecke und bestimme Umfang und Flächeninhalt. Lies fehlende Maße aus deiner Zeichnung ab.
a) Quadrat: $a = 3{,}5\,\text{cm}$
b) Rechteck: $a = 6\,\text{cm},\ b = 2{,}5\,\text{cm}$
c) Raute: $e = 6\,\text{cm},\ f = 8\,\text{cm}$
d) Parallelogramm: $a = 7\,\text{cm},\ b = 4\,\text{cm},\ \beta = 120°$
e) Drachen: $a = 5\,\text{cm};\ b = 4\,\text{cm},\ \beta = 110°$
f) Trapez: $(a \parallel c)$: $a = 6\,\text{cm},\ b = 4\,\text{cm},\ c = 3\,\text{cm},\ \beta = 90°$

ERINNERE DICH
Die Seiten und Winkel in einem Viereck werden so bezeichnet:

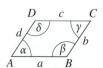

77

Kreise

Weiterführende Aufgaben

BEACHTE
Die Lösungen zu Aufgabe 16 ergeben in der richtigen Reihenfolge den Namen eines Landes. Auf welchem Kontinent liegt dieses Land?
5 (N); 7 (G); 17 (O); 24 (K); 70 (O)

11 Ein Rechteck soll einen Flächeninhalt von 24 cm² besitzen.
a) Richtig oder falsch? Begründe.
   Das Rechteck könnte 24 cm lang und einen Zentimeter breit sein.
b) Gib mindestens drei weitere Möglichkeiten für die Seitenlängen dieses Rechtecks an.
c) Untersuche den Umfang der Rechtecke. Was fällt dir auf?

12 Zeichne ein Parallelogramm …
a) mit einem Flächeninhalt von 15 cm².
b) mit einem Umfang von 18 cm.
c) mit einem Flächeninhalt von 15 cm² und einem Umfang von 18 cm.

13 Zeichne eine Raute und einen Drachen mit einem Flächeninhalt von 12 cm². Erkläre, wie du vorgegangen bist.

14 Die Diagonalen einer Raute sind 8 cm und 6 cm lang.
a) Zeichne die Raute und berechne ihren Flächeninhalt.
b) Berechne mit dem Satz des Pythagoras die Seitenlänge der Raute.
c) Bestimme den Umfang der Raute.
d) Kann man genauso vorgehen, wenn man die Diagonalen eines Drachens gegeben hat? Begründe.

15 Zeichne ein Koordinatensystem. Die x-Achse und die y-Achse sollen jeweils von 0 bis 8 gehen.
a) Trage die Punkte $A(1|4)$, $B(3|1)$, $C(8|4)$ und $D(3|7)$ ein und verbinde sie zum Viereck $ABCD$.
b) Berechne den Flächeninhalt des Vierecks $ABCD$.
c) Ermittle die Punkte, die die Seiten des Vierecks halbieren.
   BEISPIEL Der Punkt $P(2|2,5)$ halbiert die Strecke $\overline{AB}$.
   Verbinde diese Punkte zu einem Viereck.
d) Berechne den Flächeninhalt des Vierecks. Was fällt dir auf?

16 Ein Trapez besitzt die parallelen Seiten a und c und die Höhe h.
Berechne die fehlenden Größen.

	a	c	h	A
a)	7 cm	5 cm	4 cm	
b)	12 m	8 m	7 m	
c)	8 dm	4 dm		30 dm²
d)	11 mm		7 mm	63 mm²
e)		15 m	8 m	128 m²

17 Eine Gemeinde bietet die Grundstücke ①–⑥ zum Verkauf an.

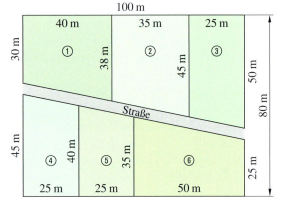

a) Berechne die Flächeninhalte der einzelnen Grundstücke.
b) Bestimme die Größe der Fläche, die die Straße in diesem Gebiet einnimmt.
c) Der Bürgermeister behauptet, dass die Straße in diesem Gebiet 102 m lang ist. Kann das sein? Begründe.

18 Zeichne ein Koordinatensystem. Beide Achsen sollen von 0 bis 7 gehen.
a) Trage die Punkte $A(1|5)$, $B(2|0)$, $C(6|1)$ und $D(6|3)$ ein und verbinde sie zum Viereck $ABCD$.
b) Begründe, warum es sich bei dem Viereck nicht um ein Trapez handelt.
c) Erkläre, wie der Flächeninhalt des Vierecks berechnet werden kann.
d) Bestimme den Flächeninhalt des Vierecks. Entnimm die notwendigen Längen deiner Zeichnung.
e) Vergleicht eure Lösungswege zusammen in der Klasse.

Kreisumfang

Erforschen und Entdecken

1 Miss an mindestens fünf verschiedenen kreisförmigen Gegenständen (z. B. DVD, Münze) zunächst den Durchmesser d.
Lege dann ein Maßband oder einen Faden um den Gegenstand und bestimme damit den Umfang u.
Übertrage die Tabelle ins Heft, trage die Messergebnisse ein und berechne den Quotienten $u : d$.
Was fällt dir auf?

Gegenstand	DVD	Münze
Durchmesser		
Umfang		
$u : d$		

2 Zeichnet in Kleingruppen auf Pappe Kreise mit einem Radius von 3 cm (4 cm; 5 cm; …; 10 cm) und schneidet sie aus. Markiert je eine Stelle am Rand der Pappkreise und rollt die Kreise auf einem nicht zu glatten Untergrund ab.

a) Messt die Strecke, die bei einer Umdrehung des Kreises zurückgelegt wird und ergänzt die Tabelle in eurem Heft. Was fällt euch an den Werten in der Tabelle auf?

Radius r des Kreises	Durchmesser d des Kreises	Umfang u des Kreises	Quotient $u : d$
$r = 3$ cm	$d = 6$ cm	$u =$	
$r = 4$ cm	$d =$		
$r = 5$ cm			
$r = 6$ cm			
$r = 7$ cm			
$r = 8$ cm			
$r = 9$ cm			
$r = 10$ cm			

b) Wie groß ist der Umfang eines Kreises mit $r = 1$ cm? Begründet.
c) Entwickelt eine Formel für die Berechnung des Kreisumfangs. Vergleicht eure Ergebnisse in der Klasse.

3 Herr Appelt möchte in seinem Garten ein kreisrundes Inselbeet anlegen, das von Steinen umgrenzt werden soll. Das Beet hat einen Radius von 5 m.

a) Zeichne in dein Heft einen Kreis mit einem Radius von 5 cm.
b) Schneide 2 cm lange und 0,5 cm breite „Steine" aus Papier und umrande den Kreis mit den „Steinen". Wie viele „Steine" benötigst du? Vergleicht eure Ergebnisse in der Klasse.
c) Bestimme mit Hilfe der „Steine" den ungefähren Umfang des Inselbeets.
d) Halbiere die „Steine", so dass sie nur noch 1 cm lang sind. Umrande den Kreis erneut. Wie viele „Steine" benötigst du nun? Ändert sich nun deine Schätzung für den Umfang?

↻ 079-1
Unter diesem Webcode findest du eine Vorlage für ein Kreisbeet und „Steine" zum Ausdrucken und Ausschneiden.

Kreise

Lesen und Verstehen

Jakob möchte um eine zylinderförmige Geschenkverpackung eine Schleife binden.
Die Dose hat einen Durchmesser von $d = 11{,}5\,\text{cm}$.
Seine Schwester will ihm aber nur 35 cm von ihrem Schleifenband geben. Reicht das?

Für jeden Kreis ist das Verhältnis des Umfangs zu seinem Durchmesser gleich (konstant). Diese Konstante heißt **Kreiszahl** und wird mit dem kleinen griechischen Buchstaben **π** (lies „Pi") bezeichnet. Es gilt: $\frac{u}{d} = \pi$

BEACHTE
Der Taschenrechner besitzt eine Taste π und rechnet mit dem Näherungswert 3,141592654.

Der **Umfang u eines Kreises** lässt sich mit Hilfe des Radius r oder des Durchmessers d berechnen. Es gilt:
$u = \pi \cdot d$ bzw. $u = 2 \cdot \pi \cdot r$

BEISPIEL
Durchmesser $d = 11{,}5\,\text{cm}$
$u = \pi \cdot d$
$u = \pi \cdot 11{,}5\,\text{cm}$
$u \approx 36{,}1\,\text{cm}$

Für Berechnungen verwendet man einen sinnvollen Näherungswert für π,
z. B.: 3,14 oder 3,141 592 oder $\frac{22}{7}$.

Das Schleifenband reicht nicht für die Geschenkverpackung aus.

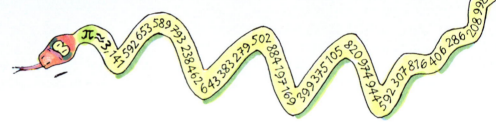

Basisaufgaben

1 Berechne den Umfang des Kreises.
a) $d = 2\,\text{cm}$ b) $d = 10\,\text{km}$ c) $d = 6\,\text{mm}$
d) $d = 2{,}5\,\text{m}$ e) $d = 1{,}7\,\text{m}$ f) $d = 14{,}2\,\text{cm}$
g) $r = 2\,\text{cm}$ h) $r = 3\,\text{m}$ i) $r = 2{,}5\,\text{km}$
j) $r = 6{,}5\,\text{mm}$ k) $r = 3{,}8\,\text{m}$ l) $r = 9{,}35\,\text{dm}$

2,
Durchmesser,
Kreis,
multiplizieren,
π,
Radius,
teilen,
Umfang,
verdoppeln

2 Ergänze den Text mit Hilfe der Begriffe aus der Randspalte:
Will man den Umfang von einem   bestimmen, muss man den   oder den Durchmesser kennen. Der Durchmesser muss nur mit   multipliziert werden, um den Umfang zu berechnen. Den Radius muss man erst   und dann mit π   .
Wenn der   des Kreises bekannt ist, muss ich diesen durch π   , um den   des Kreises zu erhalten. Teilt man diesen durch   erhält man den Radius.

3 Berechne den Umfang der Kreise.

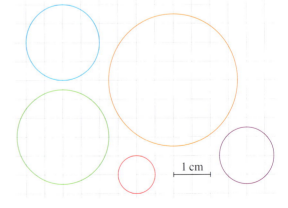

4 Milan sagt: „Wenn ich den Umfang eines Kreises kenne, dann muss ich ihn durch π teilen, um den Durchmesser zu erhalten."
Hat Milan Recht? Begründe.

80

Kreisumfang

5 Berechne den Durchmesser des Kreises. Runde das Ergebnis auf die zweite Nachkommastelle.
a) $u = 11$ mm
b) $u = 25{,}13$ cm
c) $u = 86{,}4$ cm
d) $u = 8{,}8$ km
e) $u = 118{,}91$ m
f) $u = 390$ dm
g) $u = 49{,}7$ m
h) $u = 7500$ mm
i) $u = 18$ m
j) $u = 1$ cm

6 Berechne den Durchmesser und den Radius des Kreises. Runde die Ergebnisse auf die erste Nachkommastelle.
a) $u = 141{,}4$ cm (Ring am Basketballkorb)
b) $u = 36{,}12$ cm (Bierdeckel)
c) $u = 40\,074$ km (Erdumfang)
d) $u = 10\,920$ km (Mondumfang)
e) $u = 73$ mm (1-Euro-Münze)
f) $u = 80{,}9$ mm (2-Euro-Münze)
g) $u = 37{,}1$ cm (DVD)
h) $u = 185{,}4$ cm (Meisterschale der Fußball-Bundesliga)

7 Ergänze die Tabelle im Heft.

	r	d	u
a)	3 cm		
b)	4,8 dm		
c)		3 m	
d)			175,9 m
e)			22 mm
f)		5,9 km	
g)			1 km

8 Berechne die Äquatorlängen der Planeten anhand der Durchmesser am Äquator.

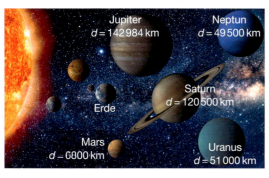

9 Die mexikanische Sumpfzypresse „El Arbol del Tule" in Mexiko hat mit 14,05 m weltweit den größten Stammdurchmesser.

a) Bestimme den Stammumfang der Zypresse „El Arbol del Tule".
b) Wie viele Menschen mit einer Spannweite von 1,5 m benötigt man ungefähr, damit diese den Baum Hand in Hand umringen?

10 Berechne den minimalen und den maximalen Durchmesser beziehungsweise Umfang der Bälle.

Ball	Umfang	Durchmesser
Volleyball	65–67 cm	
Tennisball		6,35–6,67 cm
Fußball	68–70 cm	
Basketball	75–78 cm	
Handball		17,2–19,1 cm

11 Ein annähernd kreisförmiger Teich mit einem Durchmesser von 70 m soll eingezäunt werden.
a) Wie viel Meter Zaun sind dazu mindestens notwendig? Runde das Ergebnis auf Meter.
b) Warum werden deutlich mehr Meter Zaun gebraucht?

12 Untersuche die Zuordnung *Kreisradius → Kreisumfang*.
a) Ergänze dazu die Tabelle im Heft. Runde auf die erste Nachkommastelle.

Radius (in cm)	0	1	2	3	4	5
Umfang (in cm)	0					

b) Zeichne den Graphen der Zuordnung *Kreisradius → Kreisumfang* für $0 \leq r \leq 5$ und überprüfe, ob die Zuordnung proportional ist.

BEACHTE
Die Lösungen zu Aufgabe 5 (ohne Einheiten) ergeben in der richtigen Reihenfolge den Namen eines Landes. Auf welchem Kontinent liegt dieses Land?
0,32 (R); 2,80 (A); 3,50 (E); 5,73 (O); 8,00 (L); 15,82 (A); 27,50 (S); 37,85 (L); 124,14 (V); 2387,32 (D)

BEACHTE
zu Aufgabe 8: Falls dein Taschenrechner die Zahlen in der Form 1.205 05 anzeigen sollte, so bedeutet das, dass du 1,205 5-mal mit 10 multiplizieren musst (oder du verschiebst das Komma um 5 Stellen nach rechts).

81

Kreise

Weiterführende Aufgaben

13 Das Bayerkreuz ist ein Wahrzeichen von Leverkusen. Der Kreis hat einen Durchmesser von 51 m. Daran sind 500 Lampen angebracht.

a) Berechne den Umfang des Kreises.
b) In welchem Abstand sind die Lampen am Kreis angebracht?

14 Das Riesenrad im Prater in Wien hat einen Durchmesser von 61 m.

a) Bestimme die Strecke, die eine Gondel bei einer Umdrehung zurücklegt.
b) Das Riesenrad befördert 15 Gondeln. Bestimme den Abstand zwischen den Aufhängungen der Gondeln.
c) Fertige eine maßstäbliche Zeichnung des Riesenrads an.
d) Die Gondeln bewegen sich mit einer Geschwindigkeit von 2,7 $\frac{km}{h}$. Wie lange dauert eine Runde mit dem Riesenrad?
e) Mit welcher Geschwindigkeit dreht sich der „Las Vegas High Roller" (S. 73)?

15 Erkläre anhand einer Skizze, wie man den Umfang eines Halbkreises (Viertelkreises) mit $r = 4$ cm berechnet.

16 Um einen Fußballplatz soll eine Laufbahn errichtet werden. Bestimme die Länge der Innenbahn.

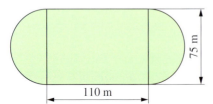

17 Die Spirale ist durch die Aneinanderreihung von Halbkreisen entstanden. Dabei hat sich der Kreisradius stets verdoppelt. Der kleinste Halbkreis soll einen Durchmesser von 1 cm haben. Zeichne die Spirale ins Heft und berechne ihre Länge.

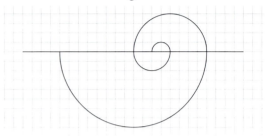

18 Ein Kreis hat einen Radius von 4 cm. Virginia soll die rot gefärbte Bogenlänge berechnen. Sie berechnet zunächst den Umfang des gesamten Kreises und teilt das Ergebnis durch 5.

a) Warum teilt sie das Ergebnis durch 5?
b) Berechne wie Virginia die rot gefärbte Bogenlänge des Kreissegments.
c) Berechne die Bogenlängen der Kreisteile. Der Radius beträgt 4 cm.

19 Die größte Uhr der Welt ist die Turmuhr des Abraj Al Bait Towers in Mekka. Der Stundenzeiger ist 17 m lang, der Minutenzeiger 23 m.
a) Welche Strecke legt die Spitze des Minutenzeigers in einer Stunde zurück?
b) Welche Strecke legt die Spitze des Minutenzeigers in 30 Minuten (15 min; 5 min) zurück?
c) Welche Strecke legt die Spitze des Stundenzeigers in 12 Stunden (6 Stunden) zurück?

Flächeninhalt des Kreises

■ Flächeninhalt des Kreises

Erforschen und Entdecken

1 Zeichne auf kariertem Papier einen Kreis mit dem Radius $r = 5\,\text{cm}$. Markiere alle Kästchen, die vollständig in dem Kreis liegen, mit einem roten Punkt und alle Kästchen, die sowohl innerhalb als auch außerhalb des Kreises liegen, mit einem blauen Punkt. Schätze nun den Inhalt der Kreisfläche ab. Erkläre deinem Nachbarn, wie du vorgegangen bist.

2 Für den folgenden Versuch benötigst du:

- eine Brief- oder Haushaltswaage
- Knete oder Teig
- runde Formen zum Ausstechen
- Geodreieck und Messer

Walze zunächst die Knete oder den Teig gleichmäßig aus.
Stich danach verschiedene Kreise aus und bestimme die Größe des Durchmessers und des Radius.
Schneide mit Hilfe des Geodreiecks zu jedem Kreis ein Quadrat aus, dessen Seitenlänge gleich dem Radius des Kreises ist. Wiege nun den Kreis und das zugehörige Quadrat.

BEACHTE
Statt Knete oder Teig können die Kreise und Quadrate auch aus dicker Pappe geschnitten werden.

a) Übertrage die Tabelle in dein Heft und trage deine Messergebnisse ein. Berechne den Quotienten Masse des Kreises durch Masse des Quadrats. Was fällt dir auf?

Radius des Kreises bzw. Seitenlänge des Quadrats	Masse des Kreises (m_K)	Masse des Quadrats (m_Q)	$m_K : m_Q$

b) Die Massen verhalten sich genauso wie die Flächeninhalte. Deshalb kannst du deine Erkenntnisse nutzen, um eine Formel für die Berechnung der Kreisfläche aufzustellen.
c) Überprüfe deine Formel mit Hilfe von Aufgabe 1.

3 Zeichne einen Kreis mit Radius $r = 5\,\text{cm}$. Unterteile den Kreis in zwölf gleich große Kreisausschnitte und male je sechs Ausschnitte in der gleichen Farbe aus. Schneide nun die zwölf Kreisausschnitte aus und lege sie wie rechts gezeigt zusammen.

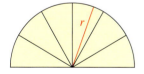  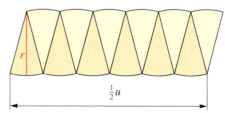

a) Welches Viereck ist annähernd entstanden?
b) Berechne den Flächeninhalt des entstandenen Vierecks.
c) Entwickle eine Formel für die Berechnung der Kreisfläche. Darin sollen nur r und π vorkommen.
d) Überprüfe deine Formel mit Hilfe von Aufgabe 1.

Kreise

Lesen und Verstehen

Riesenanemonen
Azaleen

5 m   3 m

Ein Gärtner möchte ein kreisrundes Blumenbeet mit Riesenanemonen bepflanzen. Das Blumenbeet hat einen Radius von 3 m. Für wie viel m² muss er Blumen kaufen?

Der Flächeninhalt eines Kreises lässt sich mit Hilfe des Radius r berechnen.

Flächeninhalt des Kreises:
$A = \pi \cdot r^2$

BEISPIEL 1
Für $r = 3$ m ist $A = \pi \cdot (3\,\text{m})^2 \approx 28{,}3\,\text{m}^2$.
Das Blumenbeet ist $28{,}3\,\text{m}^2$ groß.

Der Gärtner möchte nun um den Anemonenkreis einen zwei Meter breiten Kreisring mit Azaleen pflanzen (siehe Randspalte). Wie groß ist der Azaleenring?

BEISPIEL 2
Vom Flächeninhalt des großen, äußeren Kreises wird der Flächeninhalt des kleinen, inneren Kreises abgezogen.
$A = \pi \cdot [(5\,\text{m})^2 - (3\,\text{m})^2] \approx 50{,}3\,\text{m}^2$ Der Azaleenring ist $50{,}3\,\text{m}^2$ groß.

r_a = Radius außen
r_i = Radius innen

Basisaufgaben

1 Berechne den Flächeninhalt des Kreises.
a) $r = 6$ cm
b) $r = 4$ km
c) $r = 10$ m
d) $r = 0{,}5$ dm
e) $r = 1{,}3$ m
f) $r = 4{,}7$ cm

2 Berechne den Inhalt der Kreisfläche.
a) $d = 6$ cm
b) $d = 4$ m
c) $d = 2{,}8$ dm
d) $d = 3{,}4$ cm
e) $d = 2{,}9$ m
f) $d = 3{,}7$ km

Durchmesser,
Formel,
Kreis,
π,
quadriert,
Radius

3 Ergänze den Text unten im Heft. Nutze die Begriffe aus der Randspalte.
Will man den Flächeninhalt von einem ___ bestimmen, muss man den ___ kennen.
Der Radius muss erst ___ und dann mit ___ multipliziert werden, um den Flächeninhalt zu berechnen.
Die ___ lautet also: $A = \pi \cdot r^2$.
Kennt man den ___, so muss dieser halbiert werden, um den Radius zu erhalten.
Dann kann man die Formel nutzen.

4 Berechne den Flächeninhalt der Kreise.

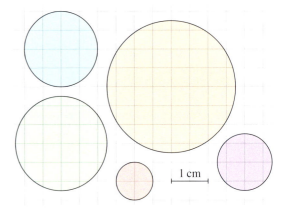

1 cm

5 Der Flächeninhalt eines Kreises ist bekannt. Wie kann man daraus den Radius bestimmen? Vervollständige dazu die Rechnung unten im Heft.
gegeben: $A = 113{,}1\,\text{cm}^2$
$113{,}1 = \pi \cdot r^2$ | :
$36 = r^2$ |

Flächeninhalt des Kreises

6 Berechne den Radius des Kreises.
a) $A = 18\,cm^2$ b) $A = 0{,}94\,m^2$
c) $A = 6{,}6\,dm^2$ d) $A = 4{,}98\,km^2$
e) $A = 38{,}48\,cm^2$ f) $A = 113{,}09\,m^2$
g) $A = 2\,ha$ h) $A = 27\,a$

7 Zeichne einen Kreis mit folgendem Flächeninhalt.
a) $A = 50{,}3\,cm^2$ b) $A = 25\,cm^2$
c) $A = 2800\,mm^2$ d) $A = 3{,}5\,dm^2$

8 Berechne den Radius und den Durchmesser des Kreises. Runde auf die erste Nachkommastelle.
a) $A = 28{,}3\,dm^2$ (Verkehrszeichen)
b) $A = 254{,}5\,cm^2$ (Herdplatte)
c) $A = 63{,}6\,m^2$ (Ringermatte)
d) $A = 907{,}9\,dm^2$ (Dartscheibe)
e) $A = 520{,}8\,cm^2$ (2-Euro-Münze)

9 Ergänze die Tabelle in deinem Heft.

	r	d	u	A
a)	3 cm			
b)		4,6 dm		
c)		3,9 km		
d)				78,5 m²
e)			53,4 mm	
f)			1,88 cm	
g)				1 ha
h)				8,4 a

10 Ein Kreis hat einen Radius von $r = 10\,cm$.
a) Berechne seinen Flächeninhalt.
b) Die Fläche eines zweiten Kreises soll doppelt (dreimal, halb) so groß sein wie die Fläche des ersten Kreises. Wie groß muss der Radius dieses zweiten Kreises jeweils sein?
c) Wie groß muss der Radius eines Halbkreises sein, der denselben Flächeninhalt hat wie der erste Kreis?

11 Welcher Kreis hat den größeren Flächeninhalt?
a) Ein Kreis mit einem Durchmesser von 5 cm oder ein Kreis mit einem Flächeninhalt von 5 cm²?
b) Ein Kreis mit einem Radius von 5 cm oder ein Kreis mit einem Flächeninhalt von 5 dm²?
c) Ein Kreis mit einem Umfang von 5 cm oder ein Kreis mit einem Flächeninhalt von 5 cm²?
d) Ein Kreis mit einem Radius von 5 cm oder ein Kreis mit einem Umfang von 5 dm?

12 Untersuche die Zuordnung
Kreisradius → Flächeninhalt des Kreises.
a) Ergänze dazu die Tabelle im Heft. Runde auf die erste Nachkommastelle.

Radius (in cm)	0	1	2	3	4
Inhalt (in cm²)	0				

b) Zeichne den Graphen der Zuordnung *Kreisradius → Flächeninhalt* für $0 \leq r \leq 4$ und überprüfe, ob die Zuordnung proportional ist.

13 Den Bereich, für den eine Basisstation für Handys zuständig ist, nennt man „Funkzelle". Die Reichweite einer Empfangsstation liegt bei etwa 1000 m im städtischen und ungefähr 30 km im ländlichen Raum.
Berechne die Größe einer Funkzelle …
a) im städtischen Raum.
b) im ländlichen Raum.
c) Timo behauptet, dass eine Funkzelle im ländlichen Raum 30-mal größer ist als eine Funkzelle im städtischen Raum. Stimmt das?

14 Ein kreisrundes Blumenbeet soll neu bepflanzt werden. Pro Quadratmeter sollen 20 Pflanzen eingesetzt werden. Wie viele Pflanzen braucht man ungefähr bei folgendem Radius?
a) 1 m   b) 2 m   c) 5 m   d) 0,6 m

BEACHTE
Die Lösungen zu Aufgabe 6 ergeben in der richtigen Reihenfolge den Namen eines Landes. Auf welchem Kontinent liegt dieses Land?
0,55 (A); 1,26 (A); 1,45 (R); 2,39 (P); 3,50 (G); 6,00 (U); 29,32 (Y); 79,79 (A)

Kreise

15 Berechne den Inhalt der Kreisringe.

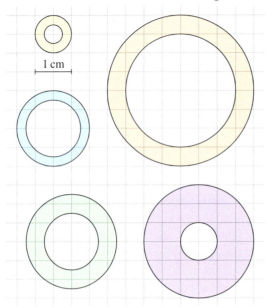

17 Berechne den Flächeninhalt des Kreisrings. Achte auf gleiche Einheiten.

	a)	b)	c)	d)
r_a	7 cm	8 dm	9 m	35 dm
r_i	3 cm	45 cm	120 cm	2 m

18 Diese Blumenuhr besteht aus einem inneren Beet mit einem Durchmesser von 3 m und einem äußeren Beet mit einem Durchmesser von 5 m.

a) Wie groß ist das innere Beet?
b) Berechne den Flächeninhalt des äußeren Beets. Der innere Steinrand ist etwa 15 cm breit.

BEACHTE
Die Lösungen zu Aufgabe 16 ergeben in der richtigen Reihenfolge den Namen eines Landes. Auf welchem Kontinent liegt dieses Land?
5,50 (L); 7,61 (U); 10,56 (A); 21,99 (P); 160,22 (A)

16 Berechne den Flächeninhalt des Kreisrings. Du kannst auch die Formel nutzen:
$A = \pi \cdot r_a^2 - \pi \cdot r_i^2 = \pi \cdot (r_a^2 - r_i^2)$
a) $r_a = 4$ m $\qquad r_i = 3$ m
b) $r_a = 10$ cm $\qquad r_i = 7$ cm
c) $r_a = 2$ dm $\qquad r_i = 1,5$ dm
d) $r_a = 2$ m $\qquad r_i = 0,8$ m
e) $r_a = 1,85$ km $\qquad r_i = 1$ km

Weiterführende Aufgaben

19 Was hat einen größeren Flächeninhalt?
a) Ein Kreis mit Radius $r = 5$ cm oder ein Quadrat mit Seitenlänge $a = 7$ cm?
b) Ein Kreis mit Radius $r = 4$ cm oder eine Raute mit den Diagonalen $e = 10$ cm und $f = 8$ cm?
c) Ein Kreis mit Durchmesser $d = 12$ cm oder ein Rechteck mit den Seitenlängen $a = 12$ cm und $b = 10$ cm?

20 Berechne den Flächeninhalt der Halbkreise.
a) $r = 5$ cm $\qquad$ b) $r = 7$ km
c) $d = 12$ mm $\qquad$ d) $d = 3,4$ m
e) Erkläre, wie du bei der Berechnung vorgegangen bist.

21 Die Kreise haben einen Radius von 10 cm. Berechne den Flächeninhalt der blauen Fläche.

a) b) c)

d) e) f)

Flächeninhalt des Kreises

22 Betrachte das Bild eines Torbogens.

a) Bestimme den Durchmesser und den Radius des Halbkreises oben.
b) Berechne den Flächeninhalt des Tors.

23 Betrachte die folgende Figur:

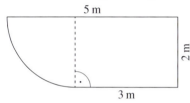

a) Bestimme den Radius des Viertelkreises.
b) Berechne den Flächeninhalt der Figur.

24 Christian berechnet den Flächeninhalt der gelben Fläche wie folgt:
$A = \frac{1}{2} \cdot \pi \cdot (5\,cm)^2 - 4\,cm \cdot 6\,cm$

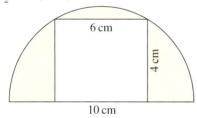

a) Erkläre Christians Rechnung.
b) Berechne den Flächeninhalt.

25 Zeichne die Figur in dein Heft und bestimme ihren Flächeninhalt.

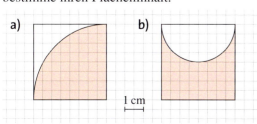

26 Betrachte die Figur in der Randspalte.
a) Bestimme die Flächeninhalte der blauen, der roten und der gelben Fläche.
b) Vergleiche den Flächeninhalt der blauen und der roten Fläche miteinander.

27 Die Pizzeria „*Bella Italia*" bietet Pizzas in zwei verschiedenen Größen und mit unterschiedlichen Belägen an. Die preiswerteste Pizza ist eine kleine „*Pizza Margherita*" mit einem Durchmesser von 24 cm und einem Preis von 5,40 €.
a) Bestimme den Flächeninhalt der kleinen *Pizza Margherita*.
b) Der Flächeninhalt der großen Pizza ist doppelt so groß wie bei der kleinen Pizza. Wie groß ist der Durchmesser der großen Pizza?
c) Wenn man bei der kleinen Pizza zusätzlich Salami und Champignons bestellt, so ist der Preis der Pizza um 10 % höher. Wie viel kostet diese Pizza?
d) Eine kleine *Pizza Margherita* hat außen herum eine 1,5 cm breite Randfläche, die nicht belegt ist. Bestimme den Inhalt der belegten Fläche und den Inhalt der nicht belegten Fläche.

28 Eine Pizzeria verkauft Pizzen in zwei unterschiedlichen Größen.

	Durchmesser der Pizza	
	klein 20 cm	normal 30 cm
Margherita	4,00 €	6,00 €
Salami	5,00 €	8,00 €

a) Berechne den Flächeninhalt einer kleinen Pizza und einer normalen Pizza.
b) Um den Preis zu vergleichen, möchte Artur die Zuordnung *Durchmesser → Preis* untersuchen. Alex schlägt vor, die Zuordnung *Flächeninhalt → Preis* zu betrachten. Welches Vorgehen ist sinnvoller? Begründe.
c) Welche Pizza ist jeweils die günstigste? Begründe deine Meinung rechnerisch.
d) Eine kleine Pizza Tonno soll 4,50 € kosten. Welchen Preis für eine normale Pizza Tonno hältst du für gerecht? Begründe.

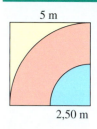

Rund ums Fahrrad

Die Größe von Fahrradreifen wird meistens in Zoll angegeben: 1 Zoll = 2,54 cm.
Der Reifen eines 12-Zoll-Kinderfahrrads hat einen Durchmesser von ca. 30,5 cm (12 · 2,54 cm).

1 Bestimme den Durchmesser eines 18-Zoll-Klapprades, eines 26-Zoll-Triathlonrades und eines 28-Zoll-Rennrades. Welchen Weg legt man bei einer Radumdrehung jeweils zurück?

Die **Tour de France** gilt als das wichtigste Radrennen der Welt. Sie hat jedes Jahr einen anderen Streckenverlauf. In der Tabelle unten ist der Tourverlauf von Straßburg nach Paris dargestellt.

2 Wie viele Umdrehungen führte der Reifen eines Rennrades auf der 6. (17.; längsten; kürzesten) Etappe aus? Wie viele Umdrehungen macht der Reifen auf der gesamten Tour?

Etappe	Tag		Start	Ziel	km
Prolog	01.07.	EZ	Straßburg	Straßburg	7
1.	02.07.	RR	Straßburg	Straßburg	185
2.	03.07.	RR	Obernai	Esch-sur-Alzette	229
3.	04.07.	RR	Esch-sur-Alzette	Valkenburg	217
4.	05.07.	RR	Huy	Saint-Quentin	207
5.	06.07.	RR	Beauvais	Caen	225
6.	07.07.	RR	Lisieux	Vitré	189
7.	08.07.	EZ	Saint-Grégoire	Rennes	52
8.	09.07.	RR	Saint-Méen-le-Grand	Lorient	181
9.	11.07.	RR	Bordeaux	Dax	170
10.	12.07.	RR	Cambo-les-Bains	Pau	191
11.	13.07.	RR	Tarbes	Pla de Beret	207
12.	14.07.	RR	Bagnères-de-Luchon	Carcassonne	212
13.	15.07.	RR	Béziers	Montélimar	230
14.	16.07.	RR	Montélimar	Gap	181
15.	18.07.	RR	Gap	L'Alpe-d'Huez	187
16.	19.07.	RR	Le Bourg-d'Oisans	La Toussuire	182
17.	20.07.	RR	Saint-Jean-de-Maurienne	Morzine	201
18.	21.07.	RR	Morzine	Mâcon	197
19.	22.07.	EZ	Le Creusot	Montceau-les-Mines	57
20.	23.07.	RR	Antony	Paris	155

3 Für den Prolog der Tour brauchte der Schnellste 8:17 min.
Mit welcher Durchschnittsgeschwindigkeit wurde der Prolog gewonnen?

4 Der Sieger der Tour benötigte für die Gesamtstrecke ca. 89:40 h, der Letzte hatte einen Rückstand von ca. 4 Stunden. Bestimme ihre Durchschnittsgeschwindigkeiten.

5 Wer beim Radfahren nicht sonderlich trainiert ist, schafft ca. $15\,\frac{km}{h}$. Wie lange hätte demnach ein Untrainierter für den Prolog (die Gesamtstrecke) benötigt?

An der Tretkurbel von Rennrädern befinden sich meist ein 53er- und ein 39er-Kettenblatt. Kombinierbar sind die Kettenblätter mit der häufig verwendeten 10-fach-Kassette mit Ritzeln von 11 bis 21. Wählt man am vorderen Kettenblatt 53 Zähne und bei der hinteren Kassette 17 Zähne, so erhält man ein Übersetzungsverhältnis von $\frac{53}{17} = 3{,}1$.
Bei einer Drehung der Tretkurbel würde sich das Hinterrad demnach ca. 3,1-mal drehen.

6 Übertrage die Tabelle in dein Heft und ergänze die Übersetzungsverhältnisse.

	\multicolumn{10}{c	}{Zähne am Hinterrad}
	11	12	13	14	15	16	17	18	19	21
53							3,1			
39										

7 Wie viele unterschiedliche Übersetzungen stehen einem Rennfahrer zur Verfügung?

8 Zur Bestimmung der Strecke, die man mit einer Kurbelumdrehung zurücklegt, muss die Ablauflänge L berechnet werden. Diese berechnet sich, indem man den Umfang des Hinterrades mit dem Übersetzungsverhältnis (siehe Aufgabe 6) multipliziert. Berechne die maximale und die minimale Strecke, die ein Radrennfahrer bei einer Kurbelumdrehung zurücklegt.

Kreise

Vermischte Übungen

BEACHTE
Die Lösungen zu Aufgabe 1 ergeben in der richtigen Reihenfolge den Namen eines Landes. Auf welchem Kontinent liegt dieses Land?
30 (A); 36 (T); 120 (H); 130 (S); 270 (D); 300 (C)

1 Berechne den Flächeninhalt der Vierecke.
a) Quadrat mit Seitenlänge $a = 6\,mm$
b) Rechteck mit den Seitenlängen $a = 13\,cm$ und $b = 10\,cm$
c) Raute mit den Diagonalen $e = 4\,cm$ und $f = 15\,mm$
d) Parallelogramm mit der Grundseite $a = 15\,m$ und der Höhe $h_a = 8\,m$
e) Drachen mit den Diagonalen $e = 6\,cm$ und $f = 1\,dm$
f) Trapez mit den parallelen Seiten $a = 2\,cm$ und $c = 16\,mm$ und der Höhe $h = 1{,}5\,cm$

2 Berechne den Flächeninhalt und den Umfang der Vierecke.

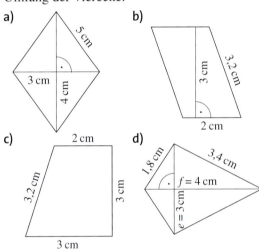

3 Zeichne je ein Rechteck, eine Raute und ein Parallelogramm …
a) mit einem Flächeninhalt von $20\,cm^2$.
b) mit einem Umfang von $20\,cm$.
Erkläre jeweils, wie du vorgegangen bist.

4 Ergänze die Tabelle für einen Kreis in deinem Heft.

	r	d	u	A
a)	4 cm			
b)		4 dm		
c)		3,6 m		
d)			10,7 m	
e)			196,35 m	
f)				1075 m²
g)				2 ha

5 Um 1870 erfand James Starley das Hochrad. Das riesige Vorderrad hatte einen Durchmesser von ca. 2 m, das Hinterrad einen Durchmesser von ca. 50 – 70 cm.

a) Bestimme den Umfang des Vorder- und des Hinterrades.
b) Wie oft dreht sich das Hinterrad bei einer Umdrehung des Vorderrades?

6 ▶ Der Umfang eines Fußballs beträgt laut Regelwerk etwa 70 cm.
a) Berechne den Durchmesser eines Fußballs. Im Jahr 2005 wurde das $68\,m \times 105\,m$ große Spielfeld eines Stadions zu Werbezwecken mit Bällen ausgelegt. Wie viele Bälle wurden für diese Aktion benötigt?

b) Wie groß ist die Fläche, die von den Bällen verdeckt wurde?
c) Wie groß ist die Fläche, die in der Mitte zwischen vier Bällen noch sichtbar ist?

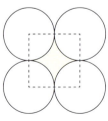

7 Was hat einen größeren Flächeninhalt?
a) Quadrat mit Seitenlänge $a = 5\,cm$ oder Kreis mit Radius $r = 5\,cm$?
b) Quadrat mit Seitenlänge $a = 6\,cm$ oder Kreis mit Durchmesser $d = 6\,cm$?

Vermischte Übungen

8 Kreisverkehr

Kleine Kreisverkehre haben einen Durchmesser von 26 bis 35 m. Große Kreisverkehre haben Durchmesser von mehr als 40 m. In Ausnahmefällen können sie bis zu 120 m lange Durchmesser aufweisen. In der Schweiz findet man sogar Kreisverkehre auf Autobahnen mit einem Durchmesser von 450 m.

a) Bestimme den Flächenverbrauch für jeden der Kreisverkehre.
b) Berechne den Umfang eines Schweizer Kreisverkehrs auf Autobahnen.

9 In Kalifornien wurde bei einem Mammutbaum ein Umfang von 24,2 m gemessen.
Welchen Durchmesser hatte er an dieser Stelle?

10 Zwei 15-jährige Jungen umfassen einen Baumstamm gerade so, dass sich ihre Fingerspitzen berühren.
Welchen Durchmesser hat der Baumstamm an dieser Stelle ungefähr?
Überlege vorher genau, welche Angaben benötigt werden.

11 Bestimme die Speicherkapazität dieser DVD in GB pro cm².

12 Auf einer Kochplatte, die einen Durchmesser von 21,5 cm besitzt, steht ein Topf mit einem Durchmesser von 14,5 cm.
a) Berechne den Flächeninhalt der Kochplatte und den Inhalt des Topfbodens.
b) Weil der Topf kleiner als die Platte ist, verliert man unnütz Energie.
Bestimme den Energieverlust in %. Berechne dazu den Anteil der Kochplatte, der nicht vom Topf bedeckt wird.
c) Wie groß ist der Boden eines Topfes mit einem Energieverlust von 10 %?

13 Diese Terrassenfläche soll gepflastert werden.
a) Bestimme den Flächeninhalt.
b) Ein Pflasterstein hat einen Flächeninhalt von 400 cm². Wie viele Steine müssen mindestens bestellt werden?
c) Ist Angebot A oder Angebot B für diese Terrasse günstiger?

Angebot	Materialkosten	Arbeitskosten
A	12,50 € pro m²	39 € pro m²
B	11,95 € pro m²	pauschal: 995 €

14 Das Wappenschild Nordrhein-Westfalens setzt sich aus einem Rechteck und einem Halbkreis zusammen. Übertrage den Umriss des Wappens in dein Heft und berechne den Flächeninhalt.

15 Berechne den Umfang und den Flächeninhalt der Figur.

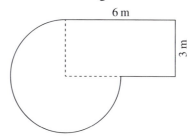

16 Eine runde Holzplatte hat einen Radius von 50 cm. Daraus soll ein Quadrat mit einer Seitenlänge von 80 cm ausgeschnitten werden.
a) Berechne den Flächeninhalt des Kreises.
b) Berechne den Flächeninhalt des Quadrats.
c) Ein Schreiner behauptet: „Die Fläche des Quadrats ist zwar kleiner als die des Kreises, aber der Kreis ist trotzdem zu klein, um das Quadrat auszuschneiden."
Hat der Schreiner Recht?
Begründe mit Hilfe einer Zeichnung.

Kreise

Beim Bogenschießen

Das Bogenschießen zählt zu den Präzisionssportarten und gehört seit 1972 zu den Olympischen Sportarten. Für einen Treffer im gelben Kreis in der Mitte gibt es 10 Punkte, im nächsten gelben Ring 9 Punkte, im nächsten roten Ring 8 Punkte usw. Der gelbe Kreis in der Mitte hat einen Radius von 6,1 cm, der weiße Ring ganz außen hat einen Durchmesser von 122 cm.

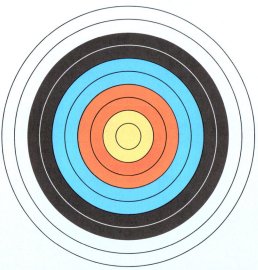

a) Berechne den Umfang des inneren gelben Kreises in der Mitte.

b) Bestimme den Flächeninhalt des inneren gelben Kreises in der Mitte.

c) Berechne den Flächeninhalt der gesamten Scheibe.

d) Jugendliche schießen aus kürzeren Entfernungen auf kleinere Scheiben.
Bei einer Scheibe hat die Trefferfläche einen Umfang von 188,5 cm.
Bestimme den Durchmesser und den Radius der Scheibe.

e) Eine andere Scheibe für Jugendliche hat eine Trefferfläche von 5026,55 cm^2.
Berechne den Radius und den Durchmesser der Zielscheibe.

f) Der äußere rote Kreisring hat einen Radius von 24,4 cm. Der äußere blaue Kreisring hat einen Radius von 36,6 cm. Berechne daraus den Flächeninhalt der blauen Fläche.

g) Berechne den Inhalt der gelben Fläche bei einer Zielscheibe, die bei den Olympischen Spielen eingesetzt wird.

h) Erfindet eigene Aufgaben und tauscht sie in der Klasse aus.

Kreise

Alles klar?

Entscheide, ob die Aussagen richtig oder falsch sind.
Begründe deine Entscheidung im Heft und korrigiere gegebenenfalls.

1 Umfang und Flächeninhalt

a) Ein Quadrat, das eine Seitenlänge von 5 cm hat, hat einen Umfang von 25 cm und einen Flächeninhalt von 20 cm².
b) Jedes Rechteck, das einen Flächeninhalt von 20 cm² besitzt, hat einen Umfang von 24 cm.
c) Die Raute rechts hat einen Flächeninhalt von 12 cm².
d) Hat eine Raute die Seitenlänge $a = 6$ cm, so hat sie einen Umfang von 24 cm.
e) Um den Flächeninhalt eines Drachen zu bestimmen, muss man seine Seitenlängen kennen.
f) Der Umfang eines Parallelogramms lässt sich mit der Formel $u = 2a + 2b$ berechnen.
g) Ein Trapez mit den parallelen Seiten $a = 5$ cm und $c = 7$ cm und der Höhe $h = 3$ cm hat einen Flächeninhalt von 18 cm².

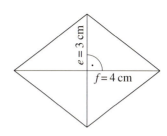

BEACHTE
Die Lösungen zu den Aufgaben auf dieser Seite sowie dazu passende Trainingsaufgaben findest du ab Seite 150.

2 Kreisumfang

a) Der Umfang u eines Kreises wird mit der Formel $u = \pi \cdot r$ berechnet.
b) Der Kreis rechts hat einen Umfang von ca. 6,3 cm.
c) Verdoppelt man den Kreisradius, so verdoppelt sich auch der Umfang des Kreises.
d) Hat ein Kreis einen Umfang von 44 cm, so hat er einen Durchmesser von ca. 7 cm.

3 Flächeninhalt des Kreises

a) Der Flächeninhalt eines Kreises wird mit der Formel $A = \pi \cdot r$ berechnet.
b) Hat ein Kreis einen Durchmesser von 2 cm, so hat der Kreis einen Flächeninhalt von ca. 12,57 cm².
c) Verdoppelt man den Kreisradius, so verdoppelt sich auch der Flächeninhalt des Kreises.
d) Der Flächeninhalt eines Viertelkreises ist halb so groß wie der Flächeninhalt eines Halbkreises mit gleichem Radius.
e) Den Flächeninhalt eines Kreisrings mit einem Innenradius von 3 cm und einem Außenradius von 4 cm berechnet man wie folgt: $A = \pi \cdot (4 - 3)^2 \approx 3{,}14$.

Kreise

Zusammenfassung

→ Seite 76

Umfang und Flächeninhalt

Der **Umfang** eines Vierecks ist die Summe seiner Seitenlängen.
Es gilt also: $u = a + b + c + d$.
Quadrat, Raute: $u = 4 \cdot a$
Rechteck, Drachen, Parallelogramm:
$u = 2 \cdot a + 2 \cdot b$

Für das Rechteck gilt:
$u = 2 \cdot 2\,\text{cm} + 2 \cdot 1{,}5\,\text{cm}$
$u = 7\,\text{cm}$
$A = 2\,\text{cm} \cdot 1{,}5\,\text{cm}$
$A = 3\,\text{cm}^2$

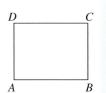

Für die Berechnung des **Flächeninhalts** gelten die folgenden Formeln:
Quadrat $A = a^2$
Rechteck $A = a \cdot b$
Parallelogramm $A = g \cdot h_g$
Raute, Drachen $A = \frac{e \cdot f}{2}$
Trapez $A = \frac{(a + c) \cdot h}{2}$

Für das Trapez gilt:
$u = 4{,}5\,\text{cm} + 2{,}0\,\text{cm} + 2{,}5\,\text{cm} + 1{,}6\,\text{cm}$
$u = 10{,}6\,\text{cm}$
$A = \frac{(4{,}5\,\text{cm} + 2{,}5\,\text{cm}) \cdot 1{,}5\,\text{cm}}{2}$
$A = 5{,}25\,\text{cm}^2$

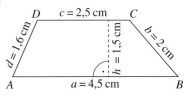

→ Seite 80

Kreisumfang

Für jeden Kreis ist das Verhältnis des Umfangs zu seinem Durchmesser gleich (konstant). Diese Konstante heißt **Kreiszahl** und wird mit dem kleinen griechischen Buchstaben π (lies „Pi") bezeichnet.
Es gilt: $\frac{u}{d} = \pi$

Für den **Umfang u eines Kreises** gilt:
$u = \pi \cdot d$ oder
$u = 2 \cdot \pi \cdot r$

Die kreisrunden Felder haben einen Radius von 200 m.

Der Umfang eines Feldes beträgt
$u = 2 \cdot \pi \cdot 200\,\text{m}$
$\approx 1257\,\text{m}$.

→ Seite 84

Flächeninhalt des Kreises

Der **Flächeninhalt A eines Kreises** lässt sich mit Hilfe des Radius r berechnen: Man benutzt folgende Formel:
$A = \pi \cdot r^2$

Für den **Flächeninhalt eines Kreisrings** (mit r_a = Radius außen und r_i = Radius innen) gilt:
$A = \pi \cdot r_a^2 - \pi \cdot r_i^2 = \pi \cdot (r_a^2 - r_i^2)$

Ein rundes Beet mit einem Radius von 3 m ist 10 cm breit von Steinen umrahmt. Das Beet besitzt einen Flächeninhalt von
$A_B = \pi \cdot (3\,\text{m})^2 = 28{,}3\,\text{m}^2$.

Der Steinring mit
$r_a = 3{,}1\,\text{m}$ und
$r_i = 3\,\text{m}$ hat
einen Flächeninhalt von
$A_{St} = \pi \cdot [(3{,}1\,\text{m})^2 - (3\,\text{m})^2] = 1{,}92\,\text{m}^2$.

94

Zylinder

Getränkedosen haben annähernd die Form eines Zylinders. Warum sind Getränkedosen eigentlich so rund? Quaderförmige Verpackungen lassen sich besser stapeln, aber die zylinderförmigen Dosen sind stoßfester, haben einen geringeren Materialverbrauch und lassen sich besser anfassen.

In diesem Kapitel lernst du, wie man das Volumen von zylinderförmigen Körpern wie zum Beispiel Dosen bestimmt. Du erfährst, wie man den Materialverbrauch der Dosen berechnen kann und bei welchen Dosen der Materialverbrauch besonders gering ist.

Zylinder

Noch fit?

1 Rechne in die Einheit um, die in Klammern steht.

	Längenmaße	Flächenmaße	Raummaße
a)	2 cm (mm)	2 cm² (mm²)	2 cm³ (mm³)
b)	50 m (dm)	50 m² (dm²)	50 m³ (dm³)
c)	80 mm (cm)	800 mm² (cm²)	8000 mm³ (cm³)
d)	700 cm (dm)	7000 cm² (dm²)	700 000 cm³ (dm³)
e)	8000 m (km)	80 000 m² (ha)	8000 ℓ (m³)
f)	0,6 m (dm)	0,6 m² (dm²)	0,6 m³ (dm³)
g)	5 dm 9 cm (cm)	5 dm² 9 cm² (cm²)	5 dm³ 9 cm³ (cm³)
h)	3 m 7 dm (m)	3 m² 7 dm² (m²)	3 m³ 7 dm³ (m³)

2 Berechne den Flächeninhalt und den Umfang der Vierecke.
a) Quadrat mit $a = 8$ cm
b) Quadrat mit $a = 1,6$ m
c) Rechteck mit $a = 5$ cm und $b = 9$ cm
d) Rechteck mit $a = 2,5$ dm und $b = 5$ cm
e) Parallelogramm mit $a = 4$ m, $b = 3$ m und $h_a = 2,5$ m
f) Raute mit $a = 1,5$ m, $e = 2,4$ m und $f = 1,8$ m
g) Trapez mit $a \parallel c$ und $a = 7$ cm, $b = 4$ cm, $c = 3,5$ cm, $d = 3,5$ cm, $h = 3$ cm

3 Berechne im Kopf.
a) $7 \cdot 5$ b) $3 \cdot 9$ c) $6 \cdot 10$ d) $8 \cdot 12$ e) $6 \cdot 15$
f) $8 \cdot 30$ g) $70 \cdot 60$ h) $3 \cdot 1000$ i) $0,8 \cdot 3$ j) $0,7 \cdot 4$
k) $1,5 \cdot 3$ l) $0,9 \cdot 2$ m) $2,3 \cdot 10$ n) $0,8 \cdot 0,7$ o) $1,3 \cdot 0,5$

4 Übertrage die Tabelle in dein Heft und berechne die fehlenden Angaben des Kreises.

	Radius r	Durchmesser d	Umfang u	Flächeninhalt A
a)	3 cm			
b)	7 m			
c)		18 dm		
d)		23 mm		
e)			106,8 cm	
f)				2827,43 m²
g)			28,27 cm	

Bunt gemischt

1. Ordne die folgenden Zahlen von klein nach groß: 0,9; 0,15; 0,09; 9; 1,5
2. Berechne: ① $7 - 9$ ② $-7 - 9$ ③ $-7 + 9$
3. Richtig oder falsch? Begründe.
   Ein Maßstab von 1 : 1000 bedeutet, dass 1 cm auf der Karte 1 m in der Realität entspricht.
4. Berechne 25 % von 800 € und 3 % von 250 €.
5. Berechne das Doppelte von 37 und die Hälfte von 38.
6. Wie groß ist die Wahrscheinlichkeit, mit einem „fairen Würfel" eine 5 zu würfeln?

Volumen und Oberflächen (Wiederholung)

Volumen und Oberflächen (Wiederholung)

Erforschen und Entdecken

1 Mit Steckwürfeln kann man verschiedene Körper herstellen.

①    ②    ③

a) Bei welchen Körpern handelt es sich um Quader, bei welchen um Würfel? Begründe.
b) Wie viele Steckwürfel werden für den Bau der Körper jeweils benötigt?
   Erläutere, wie du bei der Berechnung der Anzahl vorgegangen bist.
c) Ein Quader soll aus 216 Steckwürfeln bestehen. Übertrage die Tabelle in dein Heft, ergänze die Höhe von Quader 2 und finde weitere Quader, die aus 216 Steckwürfeln bestehen.
d) Gibt es einen Würfel, der aus 216 Steckwürfeln besteht?

	Anzahl der Steckwürfel in der …		
	Länge	Breite	Höhe
Quader 1	6	18	2
Quader 2	3	8	
…			

2 Besorgt euch mehrere quaderförmige oder würfelförmige Verpackungen. Schneidet die Verpackungen so an mehreren Kanten auf, dass man sie in eine Ebene klappen kann. Entfernt alle Steck- und Klebelaschen.
Je nachdem, wie man die Verpackungen aufgeschnitten hat, entstehen verschiedene Abwicklungen. Diese Abwicklungen nennt man Netze.

a) Welche Gemeinsamkeiten haben die Netze?
b) Aus wie vielen Flächen besteht jedes der Netze?
c) Zeichne das Netz einer auseinander geschnittenen Verpackung ab.
d) Berechne den Inhalt der einzelnen Flächen und summiere sie zum Oberflächeninhalt der Verpackung auf.
e) Gib eine Formel an, mit der man den Oberflächeninhalt eines Würfels und eines Quaders berechnen kann.

Zylinder

Lesen und Verstehen

Jakob ist auf der Suche nach einer Kiste, in der er Kleinigkeiten verstauen kann. Im Arbeitszimmer seiner Eltern findet er zwei Kartons. Jakob möchte wissen, wie groß die Kisten sind und wie viel Papier er braucht, um die Schachtel nach seinem Geschmack zu bekleben.
Der erste Karton hat die Form eines Quaders mit den Maßen $a = 25$ cm; $b = 30$ cm und $c = 10$ cm. Der zweite Karton hat die Form eines Würfels mit einer Kantenlänge von $a = 20$ cm.

BEACHTE
Volumen des Quaders = Grundfläche mal Höhe

Das **Volumen eines Quaders** wird berechnet, indem man die Kantenlängen multipliziert.
Es gilt also: $V = a \cdot b \cdot c$
Man sagt auch:
Volumen des Quaders = Länge mal Breite mal Höhe

Der erste Karton hat ein Volumen von
$V = 25\,\text{cm} \cdot 30\,\text{cm} \cdot 10\,\text{cm}$
$V = 7500\,\text{cm}^3$

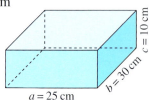

Das **Volumen eines Würfels** wird berechnet, indem man die Kantenlänge dreimal mit sich selbst multipliziert.
Es gilt also:
$V = a \cdot a \cdot a = a^3$

Der zweite Karton hat ein Volumen von
$V = 20\,\text{cm} \cdot 20\,\text{cm} \cdot 20\,\text{cm}$
$V = (20\,\text{cm})^3$
$V = 8000\,\text{cm}^3$

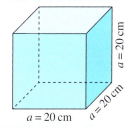

Der **Oberflächeninhalt eines Körpers** ist die Summe der Flächeninhalte der Seitenflächen.

Bei einem **Quader** sind die gegenüberliegenden Flächen gleich groß.
Es gilt also: $A_O = 2 \cdot a \cdot b + 2 \cdot a \cdot c + 2 \cdot b \cdot c$ oder $A_O = 2 \cdot (a \cdot b + a \cdot c + b \cdot c)$

Der Karton hat einen Oberflächeninhalt von
$A_O = 2 \cdot 25\,\text{cm} \cdot 30\,\text{cm} + 2 \cdot 25\,\text{cm} \cdot 10\,\text{cm}$
$\quad\quad + 2 \cdot 30\,\text{cm} \cdot 10\,\text{cm}$
$A_O = 1500\,\text{cm}^2 + 500\,\text{cm}^2 + 600\,\text{cm}^2$
$A_O = 2600\,\text{cm}^2$

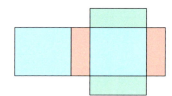

Bei einem **Würfel** sind alle sechs Flächen gleich groß. Es gilt also: $A_O = 6 \cdot a \cdot a = 6 \cdot a^2$

Die Kiste hat einen Oberflächeninhalt von
$A_O = 6 \cdot 20\,\text{cm} \cdot 20\,\text{cm} = 2400\,\text{cm}^2$

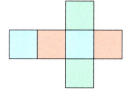

Jakob entscheidet sich für die würfelförmige Kiste, denn sie ist größer und er benötigt weniger Papier, um sie zu bekleben.

Volumen und Oberflächen (Wiederholung)

Basisaufgaben

1 Berechne das Volumen der Quader mit folgenden Kantenlängen:
a) $a = 2\,cm$, $b = 5\,cm$, $c = 3\,cm$
b) $a = 3\,m$, $b = 10\,m$, $c = 6\,m$
c) $a = 4\,mm$, $b = 2\,mm$, $c = 9\,mm$
d) $a = 7\,dm$, $b = 10\,dm$, $c = 4\,dm$
e) $a = 9\,m$, $b = 200\,cm$, $c = 5\,m$
f) $a = 1\,cm$, $b = 7\,cm$, $c = 0{,}09\,m$

2 Berechne das Volumen der Würfel mit folgenden Kantenlängen:
a) $a = 2\,m$ b) $a = 3\,cm$
c) $a = 4\,mm$ d) $a = 10\,dm$
e) $a = 1\,cm$ f) $a = 11\,m$

3 Welches Volumen ist größer: das von einem Quader mit $a = 4\,cm$, $b = 2{,}5\,cm$, $c = 6\,cm$ oder das von einem Würfel mit $a = 4\,cm$?

4 Berechne den Oberflächeninhalt der Quader mit folgenden Kantenlängen:
a) $a = 2\,cm$, $b = 3\,cm$, $c = 4\,cm$
b) $a = 3\,m$, $b = 4\,m$, $c = 5\,m$
c) $a = 2\,dm$, $b = 5\,dm$, $c = 10\,dm$
d) $a = 3\,mm$, $b = 6\,mm$, $c = 9\,mm$
e) $a = 2\,m$, $b = 2\,m$, $c = 70\,dm$
f) $a = 1\,cm$, $b = 0{,}8\,dm$, $c = 3\,dm$

5 Berechne den Oberflächeninhalt der Würfel mit folgenden Kantenlängen:
a) $a = 2\,cm$ b) $a = 3\,dm$
c) $a = 4\,m$ d) $a = 10\,mm$
e) $a = 1\,m$ f) $a = 11\,cm$

6 Berechne das Volumen und den Oberflächeninhalt der Körper.

a) 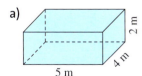   b)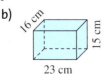

c) 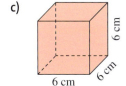   d)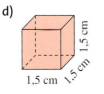

7 Entnimm den Netzen der beiden Körper die notwendigen Maße und berechne ihr Volumen und ihren Oberflächeninhalt.

a)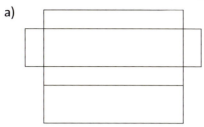

b)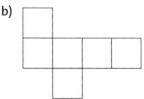

8 Gib an, ob das Volumen oder der Oberflächeninhalt gesucht ist.
a) Ein Sandkasten wird mit Sand gefüllt.
b) Ein Geschenk wird eingepackt.
c) Zehn Tüten Saft werden in eine Folie eingeschweißt.
d) Ein Container wird mit Steinen beladen.
e) Ein Aquarium wird mit Wasser gefüllt.

9 Ein Schwimmbecken ist 15 m lang, 8 m breit und 2 m tief.
Wie viel Liter Wasser passen hinein?
Zur Erinnerung: $1\,\ell = 1\,dm^3$

10 Ein Haus soll unterkellert werden. Dafür muss eine quaderförmige Baugrube ausgehoben werden, die 12 m lang, 8 m breit und 2,8 m tief ist.
a) Wie viel Kubikmeter (m^3) Erde werden ausgehoben?
b) Ein Lkw hat ein Ladevolumen von $14\,m^3$. Wie häufig muss er anfahren, um den Aushub abzufahren?

11 Herr Ritter möchte seine Sauna selber bauen. Die Wände, die Decke und der Boden sind aus Holz.
Wie viel Quadratmeter (m^2) Holz muss er mindestens kaufen, wenn die Sauna 2 m lang, 1,8 m breit und 2,2 m hoch sein soll?

BEACHTE
Die Lösungen zu Aufgabe 1 ergeben in der richtigen Reihenfolge den Namen eines Landes. Auf welchem Kontinent liegt dieses Land?
30 (G); 63 (A); 72 (M); 90 (I); 180 (A); 280 (B)

Zylinder

Weiterführende Aufgaben

BEACHTE
Die Lösungen zu Aufgabe 12 ergeben in der richtigen Reihenfolge den Namen eines Landes. Auf welchem Kontinent liegt dieses Land?
2 (H); 4 (T); 8 (U); 9(A); 11 (N); 60 (B)

12 Berechne die Werte für einen Quader.
BEISPIEL $V = a \cdot b \cdot c$
$36\,m^3 = 3\,m \cdot 4\,m \cdot c$
$36\,m^3 = 12\,m^2 \cdot c$, also $c = 3\,m$

	Länge	Breite	Höhe	Volumen
a)	6 cm	2 cm	5 cm	
b)	4 cm	3 cm		24 cm³
c)		5 cm	2 cm	80 cm³
d)	7 mm		3 mm	84 mm³
e)	0,5 m	6 m		27 m³
f)	0,8 dm		10 dm	88 dm³

13 Eine Firma stellt Umzugskartons mit einem Volumen von 60 dm³ her. Welche Kantenlängen können die Kartons haben? Findest du mehrere Möglichkeiten?

14 Gegeben sind drei Quader.
Quader 1: $a = 5\,cm$, $b = 10\,cm$, $c = 12\,cm$
Quader 2: $a = 5\,cm$, $b = 8\,cm$, $c = 15\,cm$
Quader 3: $a = 6\,cm$, $b = 4\,cm$, $c = 25\,cm$
Berechne das Volumen und den Oberflächeninhalt der drei Quader. Was fällt dir auf?

15 Der Oberflächeninhalt eines Würfels beträgt 54 cm².
a) Berechne den Flächeninhalt einer der sechs Seitenflächen.
b) Berechne die Kantenlänge des Würfels.
c) Ein anderer Würfel hat einen Oberflächeninhalt von 486 cm². Berechne die Kantenlänge des Würfels.

16 Der Oberflächeninhalt eines Quaders beträgt 700 cm². Er ist 8 cm lang und 10 cm breit. Berechnet werden soll die Höhe c.
Charlotte rechnet so:
$2 \cdot 8 \cdot 10 + 2 \cdot 8 \cdot c + 2 \cdot 10 \cdot c = 700$
$160 + 16c + 20c = 700$
$160 + 36c = 700$
a) Übertrage Charlottes Rechnung in dein Heft und berechne die Höhe c.
b) Ein anderer Quader hat einen Oberflächeninhalt von 608 cm². Er ist 6 cm lang und 14 cm breit. Berechne seine Höhe.

17 Für ein Aquarium macht der Hersteller folgende Angaben:
Füllvolumen: 125 ℓ
Breite des Aquariums: 81 cm
Tiefe des Aquariums: 36 cm
Höhe des Aquariums: 50 cm
a) Berechne das Volumen des Aquariums.
b) Begründe die Abweichung zwischen dem berechneten Volumen und dem vom Hersteller angegebenen Füllvolumen.

18 Berechne das Volumen und den Oberflächeninhalt des Körpers.

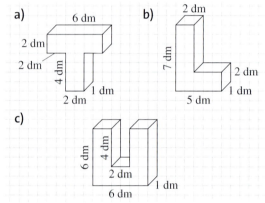

19 Pro Schüler sollte in einem Klassenraum 6 m³ Luftraum zur Verfügung stehen. Prüfe, ob dies in deinem Klassenraum stimmt.

20 Bei der Post kann man verschiedene Packsets kaufen.

Packset	Maße
XS	22,5 × 14,5 × 3,5 cm
S	25 × 17,5 × 10 cm
M	35 × 25 × 15 cm
L	40 × 25 × 15 cm
XL	50 × 30 × 20 cm
F	37,7 × 13 × 13 cm

a) Berechne das Volumen der Packsets.
b) Welches Packset würdest du wählen, wenn du 5 Bücher verschicken möchtest?
c) Vergleiche Volumen und Oberfläche der Packsets L und XL.
d) Wie viele Packsets der Größe XS passen in ein Packset der Größe XL?

Netze und Oberflächen von Zylindern

Erforschen und Entdecken

1 Getränkedosen besitzen annähernd die Form eines Zylinders. Welche der folgenden Körper sind ebenfalls annähernd Zylinder? Begründe deine Auswahl, indem du die Eigenschaften von Zylindern nennst.

2 Julian soll mit seiner kleinen Schwester eine Laterne für den Martinsumzug basteln. Im Internet findet er folgende Bastelanleitung.

BEACHTE
Material für die Laterne:
– Tonpapier
– Schere
– Kleber
– Transparentpapier
– Teelicht

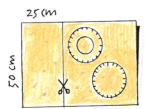  

Schneide aus Tonpapier einen 50 cm mal 25 cm großen Streifen für die Wand und zwei Kreise mit einem Durchmesser von 19 cm für Deckel und Boden. Schneide die Kreise rundherum regelmäßig ca. 2 cm weit ein und klappe die Streifen nach oben.

Nun wird das Rechteck für die Wand gestaltet:
Schneide mit einer kleinen Schere Motive in das Wandrechteck. Hinterklebe die Aussparungen mit buntem Transparentpapier. Schneide in den Deckel einen kleineren Kreis, durch den später die Kerze angezündet werden kann.

Forme das Rechteck zu einer Röhre, klebe es zusammen und befestige es am Rand des Bodens. Setze ein Teelicht auf den Boden der Laterne und klebe zuletzt den Deckel fest.

a) Welcher geometrische Körper entsteht beim Bau der Laterne? Aus welchen Teilflächen besteht dieser Körper?
b) Julian hat Probleme, den Deckel in die fast fertige Laterne einzukleben. Nenne mögliche Ursachen. Wann passen Deckel und Wand genau zusammen?
c) Bestimme die Größe des Durchmessers der Laterne und berechne den Flächeninhalt der Bodenplatte. Berechne auch den Flächeninhalt des Wandrechtecks (ohne Klebelasche).
d) Um sich die Bastelarbeiten zu erleichtern, besorgt Julian im Supermarkt eine runde Käseschachtel. Sie hat einen Durchmesser von 16 cm. Wie breit muss das Wandrechteck mindestens sein, damit es vollständig um die Käseschachtel geklebt werden kann? Denke an die 1 cm breite Klebefläche.

Zylinder

Lesen und Verstehen

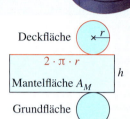

Lilli legt das Geburtstagsgeschenk für ihre Freundin in eine gereinigte Konservendose. Dann beklebt sie Deckel, Boden und Wandfläche mit Geschenkpapier. Wie groß müssen die Geschenkpapierstücke sein?

BEACHTE
Die hier behandelten Zylinder sind gerade Kreiszylinder, da ihre Achse senkrecht auf der Grundfläche steht. Es gibt auch schiefe Zylinder.

> **Zylinder** sind Körper mit einem Kreis als Grund- und als Deckfläche. Grund- und Deckfläche sind zueinander deckungsgleich und parallel.
> Die Mantelfläche ist ein Rechteck.
> Die Länge des Rechtecks entspricht dem Umfang der Kreise, die Breite ist die Höhe h.

Der Flächeninhalt eines Rechtecks ist das Produkt der beiden Seitenlängen.
Bei der rechteckigen Mantelfläche des Zylinders ist die eine Seitenlänge $2 \cdot \pi \cdot r$ und die andere Seitenlänge h.

> Für den **Flächeninhalt der Mantelfläche** A_M des Zylinders gilt:
> $$A_M = 2 \cdot \pi \cdot r \cdot h = \pi \cdot d \cdot h$$

BEISPIEL 1
$r = 2\,\text{cm}, h = 3\,\text{cm}$
$A_M = 2 \cdot \pi \cdot 2\,\text{cm} \cdot 3\,\text{cm}$
$\approx 37{,}7\,\text{cm}^2$

BEACHTE
Auch bei Prismen ist der Oberflächeninhalt die Summe der drei Teile Grundfläche, Deckfläche und Mantelfläche.

Die Oberfläche des Zylinders setzt sich zusammen aus der Mantelfläche, der Grund- und der Deckfläche. Grund- und Deckfläche sind Kreise mit dem Radius r.

> Für den **Oberflächeninhalt** A_O des Zylinders gilt:
> $$A_O = 2 \cdot A_G + A_M = 2 \cdot \pi \cdot r^2 + 2 \cdot \pi \cdot r \cdot h$$
> $$= 2 \cdot \pi \cdot r \cdot (r + h)$$

BEISPIEL 2
$r = 2\,\text{cm}, h = 3\,\text{cm}$
$A_O = 2 \cdot \pi \cdot 2\,\text{cm} \cdot (2\,\text{cm} + 3\,\text{cm})$
$\approx 62{,}83\,\text{cm}^2$

Basisaufgaben

1 Welche der rechts abgebildeten Gegenstände sind näherungsweise Zylinder?

2 Nenne weitere Dinge aus deinem Umfeld, die die Form eines Zylinders haben oder zumindest zylinderähnlich aussehen.

Netze und Oberflächen von Zylindern

3 Ergänze den Lückentext im Heft.
Nutze diese Begriffe:
Grundfläche, Höhe, Kreis, parallel, Umfang, Rechteck, Deckfläche
Zylinder sind Körper mit einem ▭ als Grund- und ▭. Deck- und ▭ sind zueinander ▭ und deckungsgleich. Der Abstand zwischen Grund- und Deckfläche ist die ▭ des Zylinders. Die Mantelfläche ist ein ▭. Die Länge des Rechtecks entspricht dem ▭ des Kreises.

4 Welche „Bauteile" lassen sich zu einem Zylinder zusammenbauen? Zwei Kreise und ein Rechteck bleiben übrig. Welche sind es?

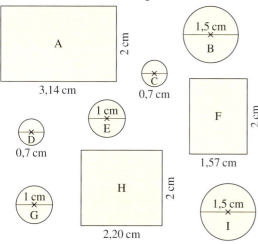

5 Zeichne das Netz des Zylinders.
a) $r = 3\,cm$; $h = 4\,cm$
b) $r = 4\,cm$; $h = 5\,cm$
c) $d = 10\,cm$; $h = 4\,cm$

6 ➡ Maximilian meint, dass man auch diese Flächen als Zylindermantel verwenden kann. Hat Maximilian Recht? Begründe.

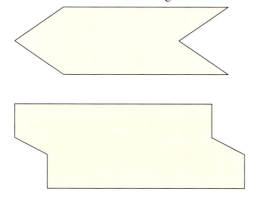

7 Berechne den Mantelflächeninhalt des Zylinders.
a) $r = 5\,cm$; $h = 10\,cm$
b) $r = 2\,m$; $h = 5\,m$
c) $r = 5\,m$; $h = 2\,m$
d) $d = 7\,dm$; $h = 12\,dm$
e) $d = 8\,m$; $h = 40\,dm$

8 Berechne den Oberflächeninhalt des Zylinders.
a) $r = 4\,cm$; $h = 7\,cm$
b) $r = 6\,cm$; $h = 10\,cm$
c) $r = 2,5\,dm$; $h = 4,8\,dm$
d) $r = 1,2\,m$; $h = 3,4\,m$
e) $r = 49\,mm$; $h = 21\,mm$
f) $d = 9\,cm$; $h = 12\,cm$
g) $d = 7\,cm$; $h = 25\,mm$
h) $r = 0,5\,m$; $h = 60\,cm$

9 Berechne die fehlenden Größen eines Zylinders.

	r	d	h	A_M	A_O
a)	6 cm		7 cm		
b)		4,4 dm	3 dm		
c)	2,8 m		0,9 m		
d)		74 mm	33 mm		
e)	15,4 m		20,6 m		
f)		28 mm	50 mm		

10 Ein Zylinder ist 10 cm hoch. Seine Grundfläche hat einen Umfang von 18,85 cm.
a) Was berechnet man mit dem Term $18,85 : \pi$?
b) Bestimme den Radius des Zylinders.
c) Berechne den Mantel- und den Oberflächeninhalt des Zylinders.

11 Berechne zunächst den Radius und dann den Mantel- und den Oberflächeninhalt des Zylinders. Dabei steht u für den Umfang der Grundfäche.
a) $u = 15,7\,cm$; $h = 8\,cm$
b) $u = 34,56\,m$; $h = 9\,m$
c) $u = 78,54\,mm$; $h = 30\,mm$
d) $u = 113,1\,cm$; $h = 50\,cm$
e) $u = 94,25\,cm$; $h = 3,2\,cm$

BEACHTE

Die Lösungen zu Aufgabe 8 ergeben in der richtigen Reihenfolge den Namen eines Landes. Auf welchem Kontinent liegt dieses Land?
3,46 (N);
34,68 (I);
114,67 (L);
131,95 (E);
276,46 (B);
466,53 (I);
603,19 (O);
21 551,33 (V)

Zylinder

Weiterführende Aufgaben

12 Zeichne das Netz der kleinen Konservendosen im Maßstab 1 : 2 und das der größeren Dose im Maßstab 1 : 5.

a) b)

13 Zerschneide eine Papprolle, auf der Toilettenpapier aufgerollt war.
a) Miss die Seitenlängen der Mantelfläche.
b) Wie groß muss der Radius der passenden Grundfläche sein? Überprüfe deine Rechnung durch Nachmessen.

14 Der Mantelflächeninhalt eines 8 cm hohen Zylinders beträgt 150,8 cm². Berechnet werden soll der Radius.
Maxim rechnet wie folgt:
$$2 \cdot \pi \cdot r \cdot 8 = 150{,}8$$
$$50{,}3\,r = 150{,}8$$
a) Erkläre Maxims Rechnung, übertrage sie ins Heft und berechne den Radius.
b) Ein anderer Zylinder hat einen Mantelflächeninhalt von 314,16 cm². Die Höhe beträgt 5 cm. Berechne den Radius. Gehe dabei vor wie Maxim.

15 Der Oberflächeninhalt eines Zylinders beträgt 226,2 cm². Der Zylinder hat einen Radius von 4 cm.
Berechnet wird die Höhe des Zylinders:
$$2 \cdot \pi \cdot 4 \cdot h + 2 \cdot \pi \cdot 4^2 = 226{,}2$$
$$25{,}13\,h + 100{,}53 = 226{,}2$$
$$25{,}13\,h = 125{,}67$$
$$h = 5$$
Übertrage die Rechnung in dein Heft. Erkläre die Rechenschritte, indem du die Äquivalenzumformungen ergänzt.

16 Berechne die fehlenden Größen des Zylinders.

	r	d	h	A_M	A_O
a)			5,9 cm	66,73 cm²	
b)		4,5 m		184,73 m²	
c)			2,8 dm	379,82 dm²	
d)	7 cm				527,79 cm²
e)		15,2 m			744,93 m²
f)				22,62 cm²	31,67 cm²

17 Der äußere Durchmesser d einer Litfaßsäule und die Höhe h der Klebefläche haben die Maße $d = 1{,}2$ m und $h = 3$ m.

a) Berechne den Flächeninhalt der Klebefläche einer Litfaßsäule.
b) Nach Angaben des Fachverbandes Außenwerbung gibt es in Deutschland ca. 51 000 Litfaßsäulen. Gib den Flächeninhalt der Werbefläche auf Litfaßsäulen in Deutschland an.
c) DIN-A1-Plakate sind 84,1 cm lang und 59,5 cm breit. Wie viele Plakate dieses Formats kann man höchstens auf einer Säule anbringen?

18 Wie viel Blech benötigt man zur Herstellung einer zylinderförmigen Dose mit den angegebenen Maßen?
Für Verschnitt müssen 15 % mehr Blech berücksichtigt werden.
a) $r = 4$ cm; $h = 8$ cm
b) $r = 3$ cm; $h = 10$ cm
c) $d = 10$ cm; $h = 12{,}5$ cm
d) $d = 8{,}6$ cm; $h = 14$ cm

Schrägbilder und Volumen von Zylindern

■ Schrägbilder und Volumen von Zylindern

Erforschen und Entdecken

1 Leni, Kevin und Sandra haben jeweils das Schrägbild eines Zylinders gezeichnet.

Lenis Schrägbild

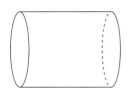

Kevins Schrägbild

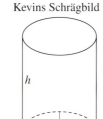

Sandras Schrägbild

Diskutiert Gemeinsamkeiten und Unterschiede der drei Schrägbilder.
Wessen Entwurf gefällt euch am besten? Begründet.

2 Besorgt möglichst viele Gefäße, die die Form eines Zylinders haben,
zum Beispiel Gläser, Vasen, Dosen oder Füllzylinder aus dem Physiklabor.
Messt zunächst den Durchmesser und die Höhe.
Bestimmt dann das Volumen, indem ihr die Gefäße mit Wasser oder Sand
füllt und den Inhalt anschließend in einen Messbecher schüttet.
a) Übertragt die Tabelle in euer Heft und füllt sie aus.

Gefäß	Durch-messer d	Radius r	Flächeninhalt des Kreises A_K	Höhe h	Volumen V
Glas					
Vase					
Dose					
…					

b) Überprüft, ob in euren Beispielen die Zuordnungen $d \to V$, $r \to V$, $A_K \to V$ und $h \to V$ proportional sind.
c) Welchen Zusammenhang zwischen den Größen und dem Volumen könnt ihr erkennen?

3 Andreas: „Das Volumen eines Prismas berechnet sich doch mit der Formel $V = A_G \cdot h$."
Sebastian: „Das stimmt, aber was hat das mit dem Volumen eines Zylinders zu tun?"
Setze den Dialog fort. Darin soll auch eine Formel für das Zylindervolumen vorkommen.

4 Verschiedene Buchenholzstücke
wurden gewogen.
Welche Regelmäßigkeiten findest du bei den
Zuordnungen der Messwerte?

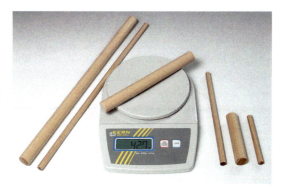

Durchmesser d	Höhe h	Masse m
2 cm	10 cm	21,35 g
2 cm	20 cm	42,7 g
2 cm	40 cm	85,4 g
1 cm	40 cm	21,35 g

Zylinder

Lesen und Verstehen

Jan überlegt, welche der beiden Kerzen länger brennt.
Die linke Kerze ist 15 cm hoch und hat einen Radius von 4 cm.
Die rechte Kerze ist nur 10 cm hoch, hat aber einen Radius von 5 cm.

Je größer das Volumen einer Kerze, desto länger brennt sie.
Jan muss also das Volumen der Kerzen vergleichen.

ERINNERE DICH
Wie beim Volumen des Prismas gilt:
Volumen = Grundfläche mal Höhe

Das **Volumen V eines Zylinders** mit dem Radius r und der Höhe h lässt sich wie folgt berechnen:

$V = \pi \cdot r^2 \cdot h$

BEISPIEL 1
linke Kerze: $V = \pi \cdot (4\,\text{cm})^2 \cdot 15\,\text{cm} \approx 754{,}0\,\text{cm}^3$
rechte Kerze: $V = \pi \cdot (5\,\text{cm})^2 \cdot 10\,\text{cm} \approx 785{,}4\,\text{cm}^3$
Da die rechte Kerze mehr Wachs enthält, wird sie vermutlich länger brennen.

Die **Masse m eines Körpers** wird aus dem Produkt seines Volumens V und seiner Dichte ϱ (sprich: rho) berechnet.

$m = V \cdot \varrho$

BEISPIEL 2
Kerzenwachs hat eine Dichte von $0{,}8\,\frac{\text{g}}{\text{cm}^3}$.
linke Kerze: $m = \pi \cdot (4\,\text{cm})^2 \cdot 15\,\text{cm} \cdot 0{,}8\,\frac{\text{g}}{\text{cm}^3} \approx 603{,}2\,\text{g}$
rechte Kerze: $m = \pi \cdot (5\,\text{cm})^2 \cdot 10\,\text{cm} \cdot 0{,}8\,\frac{\text{g}}{\text{cm}^3} \approx 628{,}3\,\text{g}$
Die rechte Kerze wiegt ca. 628 g, die linke Kerze ca. 603 g.

BEACHTE
Die den Zylinder begrenzenden Kreise erscheinen im Schrägbild wie Ellipsen, also wie gestauchte Kreise.

Ein **Schrägbild eines Zylinders** kann man so zeichnen:

1. Zeichne den Durchmesser und markiere den Mittelpunkt.
2. Zeichne durch den Mittelpunkt eine Senkrechte, die halb so lang wie der Durchmesser ist.
3. Skizziere die ellipsenförmige Grundfläche.
4. Trage die Höhe des Zylinders links und rechts ab.
5. Skizziere die ellipsenförmige Deckfläche.

Basisaufgaben

1 Berechne das Volumen des Zylinders.
Runde auf zwei Stellen nach dem Komma.
a) $r = 5\,\text{cm}$; $h = 7\,\text{cm}$
b) $r = 3\,\text{m}$; $h = 8\,\text{m}$
c) $r = 2\,\text{mm}$; $h = 5\,\text{mm}$
d) $d = 8\,\text{dm}$; $h = 6\,\text{dm}$
e) $d = 7{,}2\,\text{cm}$; $h = 2\,\text{cm}$
f) $r = 45\,\text{mm}$; $h = 12\,\text{cm}$

2 Berechne das Volumen der Zylinder.

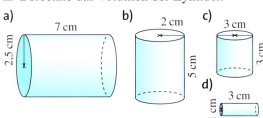

106

Schrägbilder und Volumen von Zylindern

3 Ergänze die Tabelle im Heft.

	r	d	h	V
a)	7 cm		4 cm	
b)	3 cm		8 cm	
c)		8,4 cm	5 cm	
d)		6,2 cm	14 cm	
e)	5,4 cm		1,3 cm	
f)		13 cm	28 cm	

4 Berechne die Masse des Körpers.
a) $V = 5\,cm^3$; $\varrho = 8\,\frac{g}{cm^3}$
b) $V = 2\,m^3$; $\varrho = 600\,\frac{kg}{m^3}$
c) $V = 10\,cm^3$; $\varrho = 4{,}6\,\frac{g}{cm^3}$
d) $V = 3\,m^3$; $\varrho = 7{,}9\,\frac{kg}{m^3}$
e) $V = 1{,}5\,cm^3$; $\varrho = 2{,}4\,\frac{g}{cm^3}$
f) $V = 7{,}5\,cm^3$; $\varrho = 3\,\frac{g}{cm^3}$
g) $V = 2000\,dm^3$; $\varrho = 7{,}9\,\frac{kg}{m^3}$

5 Berechne die Masse des Zylinders.
a) $r = 2\,cm$; $h = 5\,cm$; $\varrho = 2\,\frac{g}{cm^3}$
b) $r = 5\,cm$; $h = 7\,cm$; $\varrho = 3\,\frac{g}{cm^3}$
c) $r = 4\,cm$; $h = 6\,cm$; $\varrho = 2{,}3\,\frac{g}{cm^3}$
d) $r = 2\,dm$; $h = 8\,cm$; $\varrho = 0{,}8\,\frac{g}{cm^3}$
e) $r = 2\,dm$; $h = 1{,}5\,dm$; $\varrho = 10{,}5\,\frac{g}{cm^3}$

6 Zeichne jeweils ein Schrägbild des Zylinders.
a) $r = 2\,cm$; $h = 3\,cm$
b) $r = 3{,}5\,cm$; $h = 5\,cm$
c) $d = 5\,cm$; $h = 4\,cm$
d) $d = 3\,cm$; $h = 5{,}5\,cm$
e) $r = 2{,}2\,cm$; $h = 4{,}8\,cm$

7 Zeichne das Schrägbild eines Zylinders mit $r = 3\,cm$ und $h = 5\,cm$. Berechne sein Volumen.

8 Ein 20 m langer Gartenschlauch hat einen Innendurchmesser von 14 mm. Berechne das Volumen des Schlauchs in mm^3 und in ℓ.

9 Eine 1-€-Münze hat einen Durchmesser von 23,25 mm und eine Höhe von 2,33 mm. Berechne ihr Volumen.

10 Ein Zylinder hat eine Höhe von 6,5 cm und ein Volumen von $1\,dm^3$. Florian berechnet den Radius des Zylinders:
a) Übertrage die Rechnung in dein Heft und erkläre jeden Rechenschritt, indem du die Äquivalenzumformungen ergänzt.

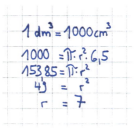

b) Antje geht wie folgt vor:
$1000 = \pi \cdot r^2 \cdot 6{,}5$
$1000 = 20{,}42 \cdot r^2$
Übertrage den Ansatz in dein Heft und löse die Gleichung nach r auf. Erkläre den Unterschied zu Florians Rechnung.
c) Ein anderer Zylinder hat eine Höhe von 7 cm und ein Volumen von $550\,cm^3$. Berechne seinen Radius.

11 Ein Zylinder hat einen Radius von 8 cm und ein Volumen von $3016\,cm^3$.
a) Übertrage den Ansatz in dein Heft und löse die Gleichung nach h auf:
$3016 = \pi \cdot 8^2 \cdot h$
$3016 = 201{,}06 \cdot h$
b) Ein anderer Zylinder hat einen Radius von 13 cm und ein Volumen von $3185{,}6\,cm^3$. Berechne seine Höhe.

12 Ein Eimer hat die Form eines Zylinders. Er ist 25 cm hoch und hat einen Durchmesser von 24 cm.
a) Berechne das Volumen.
b) In welcher Höhe sind die Eichstriche für 5 ℓ und 10 ℓ angebracht? Rechne die Literangaben zuerst in cm^3 um.

13 Ein zylinderförmiger Kerosintank ist 35 m hoch und hat ein Volumen von $25\,000\,m^3$. Berechne den Radius und den Durchmesser des Tanks.

BEACHTE
Die Lösungen zu Aufgabe 5 ergeben in der richtigen Reihenfolge den Namen eines Landes. Auf welchem Kontinent liegt dieses Land?
125,66 (N);
693,66 (G);
1649,34 (I);
8042,48 (E);
197920,34 (R)

Zylinder

14 Berechne die fehlenden Größen eines Zylinders.

	r	d	h	V
a)	7 mm		10 mm	
b)		8 cm	15 cm	
c)	3 cm			141,4 cm³
d)			14 m	3562,6 m³
e)		11 dm		285,1 dm³
f)	1 m			2199,1 ℓ

16 Beide Gläser haben den gleichen Radius. Das rechte Glas ist doppelt so hoch wie das linke.
Berechne jeweils das Volumen beider Gläser. Fällt dir eine Regelmäßigkeit auf?
a) $r = 8$ cm, links $h = 6$ cm, rechts $h = 12$ cm
b) $r = 6$ cm, links $h = 7$ cm, rechts $h = 14$ cm
c) $r = 7$ cm, links $h = 7,5$ cm, rechts $h = 15$ cm
d) $r = 8,5$ cm, links $h = 9$ cm, rechts $h = 18$ cm

WUSSTEST DU SCHON?
Schon im Jahr 1802 gab es einen ersten Entwurf für einen Tunnel zwischen Frankreich und Großbritannien. Damals war ein Tunnel geplant, der mit Kutschen befahren werden konnte. Der Eurotunnel wurde dann erst im Jahr 1994 eröffnet und ist nur mit dem Zug befahrbar.

15 Der Eurotunnel unter dem Ärmelkanal verbindet das französische Calais mit dem britischen Dover.
Der Tunnel besteht aus drei Röhren, die etwa 40 m unter dem Meeresboden liegen und 50,5 km lang sind.
Große Tunnelbohrer arbeiteten sich durch das Gestein. Der Abraum wurde über ein Förderband wegtransportiert.

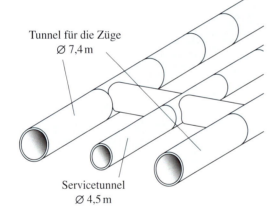

Tunnel für die Züge Ø 7,4 m
Servicetunnel Ø 4,5 m

Wie viel Gestein wurde für den Bau des Servicetunnels und der Tunnel für die Züge mindestens abgebaut?

17 Der Gotthard-Basistunnel in der Schweiz ist 57 km lang.
Gebohrt wurde dieser Tunnel von der Tunnelbohrmaschine „Sissi".
Ihr Bohrkopf besitzt einen Durchmesser von 9,58 m.
a) Wie viel Kubikmeter (m³) Gestein wurde für den Bau des Tunnels abgebaut?
b) Der Waggon eines Güterzuges besitzt einen Laderaum von ca. 40 m³.
Wie viele Waggons benötigte man, um das Gestein abzutransportieren?

Weiterführende Aufgaben

18 Eine Litfaßsäule hat einen Durchmesser von 1,10 m und eine Höhe von 2,80 m. Zeichne das Schrägbild der Litfaßsäule im Maßstab 1 : 20.

19 Gib mindestens zwei Möglichkeiten für die Höhe und den Radius eines Zylinders an, dessen Volumen 150 cm³ beträgt.

20 Ein zylinderförmiger Klebestift hat einen Durchmesser von 2 cm und eine Höhe von 8 cm.
a) Berechne sein Volumen.
b) Die Höhe der Klebemasse macht nur 70 % der Höhe des Klebestifts aus. Wie groß ist das Volumen der Klebemasse?

Schrägbilder und Volumen von Zylindern

21 Ein Einrichtungshaus verkauft drei zylinderförmige Vasen, die ineinander stapelbar sind. Die erste Vase besitzt einen Durchmesser von 12 cm und eine Höhe von 18 cm.
a) Berechne das Volumen der ersten Vase.
b) Der Durchmesser der zweiten Vase beträgt 10 cm. Sie hat ein Volumen von 1806,4 cm³. Berechne die Höhe dieser Vase.
c) Die dritte Vase ist 28 cm hoch und hat ein Volumen von 1407,4 cm³. Berechne den Durchmesser der Vase.

22 Das Volumen eines Zylinders vervierfacht sich, wenn man den Radius verdoppelt.
a) Stimmt diese Aussage? Begründe.
b) Wie muss sich die Höhe verändern, damit sich das Volumen vervierfacht?
c) Wie verändert sich das Volumen, wenn sowohl die Höhe als auch der Radius verdoppelt werden?

23 Der Durchmesser einer runden Tischplatte beträgt 1,20 m.
Wie schwer ist sie, wenn sie …
a) 8 mm dick ist und aus Kristallglas besteht? Kristallglas wiegt 2900 kg pro m³.
b) 3 cm dick ist und aus Fichtenholz besteht? Fichtenholz wiegt 500 kg pro m³.
c) 1,2 cm dick ist und aus Plexiglas besteht? Plexiglas wiegt 1350 kg pro m³.

24 Betrachte die abgebildete Regenrinne aus Kupfer.

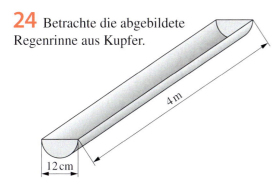

a) Wie viel Liter Wasser fasst diese Regenrinne maximal?
b) Wie viel cm² Kupfer benötigt man zur Herstellung der Rinne einschließlich der Kopfstücke (das sind die Halbkreise an den Enden der Regenrinne)?

25 Kannst du ein Stahlrohr mit 90 cm Länge und einem Durchmesser von 10 cm tragen? Der Stahl ist 0,5 cm dick.
Stahl hat eine Dichte von $\varrho = 7{,}8\,\frac{g}{cm^3}$.

26 Zylinderförmige Stäbe aus massivem Stahl haben jeweils 4 cm Durchmesser und sind 1,5 m lang. 1 dm³ Stahl wiegt 7,8 kg. Wie viele Stäbe kann ein Lastwagen transportieren, dessen Nutzlast 3 t beträgt?

27 Berechne die fehlenden Größen der Zylinder in deinem Heft.

	r	h	A_M	A_O	V
a)	2 cm	5 cm			
b)	3 cm	8 cm			
c)	5 cm		785 cm²		
d)	16 cm		2112 cm²		
e)	1,8 cm			54,7 cm²	
f)		3 cm			62,81 cm³
g)	12,5 cm				24 531,25 cm³
h)		10 cm	251,33 cm²		

28 Wie viele Kugelschreiberminen würde man etwa brauchen, um eine Tintenpatrone zu füllen? Vergleicht euer Vorgehen.

29 Viele Gläser haben eine zylindrische Form. Oft ist am oberen Rand ein Eichstrich für 0,2 ℓ angebracht.
In welcher Höhe muss der Eichstrich markiert werden, wenn der innere Durchmesser des Glases 5,2 cm beträgt? Rechne zuerst 0,2 ℓ in cm³ um.

30 Berechne das Volumen der Werkstücke.

a)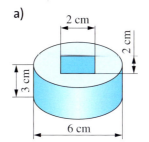

b)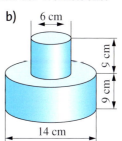

109

Zylinderförmige Gebäude

In der Architektur spielen Gebäude oder Gebäudeteile eine große Rolle, die die Form eines Zylinders haben.

Eines der ältesten zylinderförmigen Gebäude ist die Engelsburg in Rom. Kaiser Hadrian ließ sich das Gebäude als Grabmal bauen.

Das vielleicht bekannteste zylinderförmige Gebäude der Welt ist der Schiefe Turm von Pisa (italienisch *Torre pendente di Pisa*).
Der Turm war als freistehender Glockenturm für den Dom in Pisa geplant. Einige Jahre nach der Grundsteinlegung neigte sich der Turmstumpf.
Die nächsten vier Stockwerke wurden dann schräg gebaut, um die Schieflage auszugleichen.
Danach musste der Bau nochmals unterbrochen werden, bis 1372 auch die Glockenstube vollendet war.

Der BMW-Vierzylinder ist das Hauptverwaltungsgebäude des Fahrzeugherstellers BMW in München.
Das Gebäude besteht aus vier in Kreuzform angeordneten Zylindern.

1 Fotografiert zylinderförmige Gebäude oder Gebäudeteile in eurem Wohnort und recherchiert im Internet nach Gebäuden, die die Form von Zylindern besitzen. Druckt Bilder dazu aus und gestaltet damit ein Plakat.

Gasometer Oberhausen

Eines der bekanntesten zylinderförmigen Gebäude Nordrhein-Westfalens ist der Gasometer in Oberhausen.

Der Gasometer Oberhausen wurde zwischen 1927 und 1929 erbaut. Er speicherte Gas, das in den umliegenden Hochöfen als Abfallprodukt anfiel.
Das Gas wurde dann in die Walzwerke geleitet und dort verfeuert.
1993 wurde der Gasometer Oberhausen zur höchsten Ausstellungshalle Europas umgebaut.
Der Gasometer ist heute Veranstaltungsort für Ausstellungen, Konzerte und Kunstprojekte.
Die Aussichtsplattform auf dem Dach bietet einen weiten Rundblick über die Umgebung.

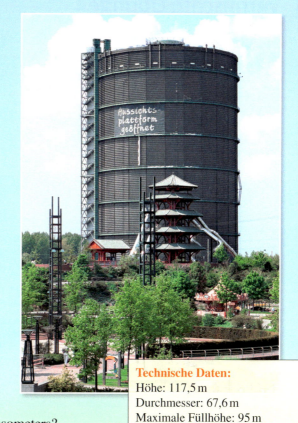

Technische Daten:
Höhe: 117,5 m
Durchmesser: 67,6 m
Maximale Füllhöhe: 95 m

2 Nutze die technischen Daten und berechne.
a) Wie groß ist das Volumen des gesamten Gasometers?
b) Wie viel m³ Gas konnten im Gasometer gespeichert werden?
c) Berechne den Inhalt der Mantelfläche des Gasometers.
d) Die Ausstellungsfläche des Gasometers wird mit 7000 m² angegeben. Ist das möglich? Begründe.

TauchRevierGasometer Duisburg

Auch in Duisburg gibt es einen alten Gasometer. Er wird heute als Tauchbecken genutzt.
Der Durchmesser des Gasometers beträgt 45 m.
Der Gasometer ist mit 21 Mio. Litern Wasser gefüllt.

3 Bis zu welcher Höhe ist der Duisburger Gasometer mit Wasser gefüllt? Rechne zuerst die Literangabe in Kubikmeter um.

Zylinder

Vermischte Übungen

1 Berechne das Volumen und den Oberflächeninhalt der Körper.

a) 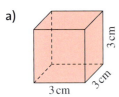   b)

c) 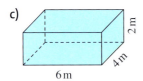   d)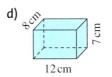

2 Berechne die fehlenden Werte für einen Quader im Heft.

	Länge	Breite	Höhe	Volumen
a)	5 cm	3 cm	4 cm	
b)	2 cm	3 cm		24 cm³
c)		8 m	2 m	80 m³
d)	7 mm		3 mm	105 mm³
e)	1 cm	6 cm		27 cm³
f)	0,4 cm		10 cm	6 cm³

3 Ein Aquarium ist 61,5 cm lang, 34 cm breit und 43 cm hoch. Es werden 50 ℓ Wasser eingefüllt.
Wie hoch steht das Wasser?

4 Ein Sandkasten ist 1,5 m lang und 1,2 m breit. Er wird 40 cm hoch mit Sand gefüllt.
a) Wie viel Kilogramm Sand werden in den Sandkasten gefüllt, wenn 1 dm³ Sand 1,5 kg wiegt?
b) Eine Schubkarre hat ein Fassungsvermögen von 80 ℓ. Wie oft muss sie gefüllt werden, um den Sandkasten zu füllen?

5 Ergänze die Tabelle für Zylinder im Heft.

	r	d	h	A_M	A_O	V
a)	3,5 cm		7,9 cm			
b)	2,4 m		123 cm			
c)		1 m	8 km			
d)	3,1 dm		13 cm			
e)		0,75 m	8 dm			

6 Ein zylinderförmiger Papierkorb ist 31 cm hoch und hat einen Durchmesser von 25 cm.
a) Zeige, dass der Papierkorb ein Volumen von mehr als 15 ℓ besitzt.
b) Gib mindestens zwei Möglichkeiten für die Höhe und den Radius eines zylinderförmigen Papierkorbs mit einem Volumen von möglichst genau 15 ℓ an.

7 Nele hat mit ihrer Oma Plätzchen gebacken. Sie kann sich Plätzchen mitnehmen: entweder in einer Dose mit einem Durchmesser von 22 cm und einer Höhe von 10 cm oder in einer Dose mit einer Höhe von 12 cm und einem Durchmesser von 18 cm. Welche Dose sollte sie wählen, wenn sie möglichst viele Plätzchen haben möchte?

8 Ein DIN-A4-Blatt (21 cm breit und 29,7 cm lang) wird an den kurzen Seiten so zusammengeklebt, dass eine Rolle entsteht (siehe Skizze). Der Kleberand beträgt 1 cm.
a) Bestimme zunächst den Umfang, dann den Radius der entstandenen Papierrolle.
b) Bestimme das Volumen des entstandenen Zylinders.
c) Verändert sich das Volumen, wenn das Blatt nicht an den kurzen, sondern an den langen Seiten zusammengeklebt wird? Schätze zunächst und berechne dann das neue Volumen.

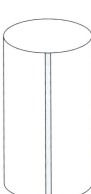

9 Zylinderförmige Stäbe aus Kiefernholz haben jeweils 5,5 cm Durchmesser und sind 1,8 m lang. 1 dm³ Kiefernholz wiegt 0,52 kg. Wie viele solcher Stäbe kann ein Lastwagen transportieren, dessen Höchstlast 3 t beträgt?

10 Zeichne das Schrägbild eines Zylinders mit r = 2 cm und h = 4,5 cm. Berechne seinen Oberflächeninhalt und sein Volumen.

112

Vermischte Übungen

11 Stroh wird nach der Ernte entweder zu Quadern oder zu Zylindern zusammengepresst. Quaderförmige Ballen haben eine Größe von 96 × 38 × 46 cm und wiegen 14 kg.

Wie schwer ist ein zylinderförmiger Ballen mit einem Durchmesser von 1,8 m und einer Breite von 1,2 m?

12 Berechne die fehlenden Größen für einen Zylinder.

	r	h	A_M	A_O	V
a)	22 m	50 m			
b)	8,4 cm				11 083,5 cm³
c)		1,6 m	170,9 m²		
d)		9,8 dm			6 927,2 dm³

13 Von den fünf Größen r, h, A_M, A_O und V eines Zylinders sind zwei gegeben. Berechne die fehlenden Größen.
a) $A_O = 54{,}7$ cm², $r = 1{,}8$ cm
b) $V = 62{,}81$ cm³, $h = 3$ cm
c) $r = 2$ cm, $h = 5$ cm
d) $A_M = 785$ cm², $r = 5$ cm
e) $A_O = 675{,}1$ cm², $r = 5$ cm
f) $A_M = 2112$ cm², $r = 16$ cm

14 Ein Eishockeypuck für Senioren hat einen Durchmesser von 75 mm, eine Höhe von 25 mm. Er wiegt zwischen 155 g und 160 g.

Ein Puck für Kinder besitzt einen Durchmesser von 60 mm und eine Höhe von 20 mm. Er wiegt ca. 82 g.
Werden die Eishockeypucks für Kinder und Senioren aus dem gleichen Material hergestellt?

15 Der Durchmesser eines zylinderförmigen Glases beträgt 7 cm, die Höhe 6,5 cm.
a) Bestimme das maximale Volumen des Glases.
b) In welcher Höhe muss der Eichstrich für 0,2 ℓ markiert werden?
c) Wie lang muss ein Strohhalm mindestens sein, damit er nicht im Glas versinkt?

16 ➡ Wie viel Liter Flüssigkeit passen ungefähr in dieses Fass? Vergleicht und bewertet eure Lösungswege und Strategien.

17 Der Mühlstein aus Granit besitzt einen Durchmesser von 60 cm und eine Dicke von 14 cm. Die quadratische Aussparung in der Mitte des Steins hat eine Seitenlänge von 15 cm. Granit hat eine Dichte von $1{,}26 \frac{\text{g}}{\text{cm}^3}$. Berechne die Masse des Mühlsteins.

18 ➡ Eine 2-€-Münze hat folgende Maße:
Durchmesser: 25,75 mm,
Dicke: 2,20 mm
a) Berechne das Volumen der Münze.
b) Der goldfarbene Mittelteil und der silberfarbene Außenring besitzen das gleiche Volumen. Nutze dies und bestimme den Durchmesser des goldfarbenen Mittelteils. Überprüfe dein Ergebnis durch eine Messung an einer Münze.
c) Ein zylinderförmiges Glas mit einem Durchmesser von 6 cm und einer Höhe von 12 cm ist bis 5 mm unter dem Rand mit Wasser gefüllt.
Wie viele 2-€-Münzen muss man in das Glas werfen, bis das Wasser überläuft?

BEACHTE
Die Lösungen zu Aufgabe 12 ergeben in der richtigen Reihenfolge den Namen eines Landes. Auf welchem Kontinent liegt dieses Land?
15 (I); 17 (R);
50 (D); 923,63 (N);
1452,67 (B);
1986,74 (A);
2337,34 (E);
2638,94 (I);
3082,28 (A);
6911,50 (S);
9952,57 (A);
76026,54 (U)

Zylinder

Getränkedosen

Eine Getränkedose hat einen Radius von 4 cm. Sie ist 8 cm hoch.

a) Zeichne ein Schrägbild der Getränkedose.

b) Berechne das maximale Volumen der Getränkedose.

c) Zu wie viel Prozent ist die Dose gefüllt, wenn in der Dose 0,33 ℓ eines Getränks abgefüllt werden?

d) Für die Produktion der Dose wird Weißblech verwendet. Berechne, wie viel Weißblech für die Produktion der Dose mindestens benötigt wird.

e) Welche Abmessungen könnte ein quaderförmiges Trinkpäckchen haben, das ein Volumen von 330 cm³ besitzt?

f) In eine zylinderförmige Getränkedose sollen 500 ml eines Getränks passen. Sie soll eine Höhe von 10 cm haben. Bestimme den minimalen Radius der Dose.

g) Zeige, dass die folgenden Getränkedosen annähernd das gleiche Volumen, aber unterschiedliche Oberflächeninhalte besitzen:
① $r = 3$ cm; $h = 19,4$ cm   ② $r = 4,4$ cm; $h = 9$ cm   ③ $r = 5,9$ cm; $h = 5$ cm

h) Der Geschäftsführer möchte eine auffälligere zylindrische Form für seine Getränkedose. Das Volumen soll aber unverändert bleiben. Er macht daher folgenden Vorschlag: „Wenn ich den Radius der Dose halbiere und die Höhe verdopple, verändert sich das Volumen der Dose nicht."
Ist seine Aussage richtig? Begründe.

i) Überprüfe an mehreren Beispielen, ob die folgende Behauptung richtig ist:
Das Zylindervolumen soll immer 785 cm³ betragen.
Dann ist der Oberflächeninhalt am kleinsten, wenn der Durchmesser genauso groß ist wie die Höhe des Zylinders, also $h = 2r$.

Zylinder

Alles klar?

Entscheide, ob die Aussagen richtig oder falsch sind.
Begründe deine Entscheidung im Heft und korrigiere gegebenenfalls.

1 Volumen und Oberflächen von Quadern und Würfeln

a) Ein Würfel mit einer Kantenlänge von 5 cm hat ein Volumen von 25 cm³.

b) Ein Würfel mit einer Kantenlänge von 10 cm hat einen Oberflächeninhalt von 600 cm².

c) Ist ein Quader 3 cm lang, 4 cm breit und 10 cm hoch, so hat er ein Volumen von 17 cm³.

d) Der Oberflächeninhalt eines 3 cm langen, 2 cm breiten und 4 cm hohen Quaders beträgt 24 cm².

e) Verdoppelt man die Kantenlänge eines Würfels, so verdoppelt sich auch das Volumen.

2 Netze und Oberflächen von Zylindern

a) Zylinder sind Körper mit einem Kreis als Grund- und Mantelfläche.

b) Die Länge der Mantelfläche eines Zylinders entspricht dem Flächeninhalt der Grundfläche.

c) Der Flächeninhalt der Mantelfläche eines Zylinders kann mit der Formel $A_M = 2 \cdot \pi \cdot r \cdot h$ berechnet werden.

d) Ist ein Zylinder 5 cm hoch und hat einen Radius von 3 cm, so kann man den Inhalt der Oberfläche wie folgt berechnen:
$A_O = 2 \cdot \pi \cdot 5 \cdot (5 + 3) = 251{,}3 \ [\text{cm}^2]$

e) Die Abbildung rechts zeigt das Netz eines Zylinders mit dem Radius $r = 5$ mm und der Höhe $h = 10$ mm.

f) Verdoppelt man die Höhe eines Zylinders und lässt den Radius des Zylinders unverändert, so verdoppelt sich der Flächeninhalt der Mantelfläche.

BEACHTE
Die Lösungen zu den Aufgaben auf dieser Seite sowie dazu passende Trainingsaufgaben findest du ab Seite 152.

3 Schrägbilder und Volumen von Zylindern

a) Der in der Kavalier-Perspektive gezeichnete Zylinder hat einen Durchmesser von 1,5 cm und eine Höhe von 2 cm.

b) Ist ein Zylinder 3 cm hoch und hat einen Radius von 5 cm, so berechnet man sein Volumen wie folgt:
$V = \pi \cdot 3^2 \cdot 5 = 141{,}4 \ [\text{cm}^3]$

c) Verdoppelt man den Kreisradius, so vervierfacht sich das Volumen des Zylinders.

d) Haben zwei Zylinder das gleiche Volumen, so haben sie auch den gleichen Oberflächeninhalt.

e) Die Masse eines Zylinders wird aus dem Produkt seiner Dichte ϱ und seines Oberflächeninhalts A_O berechnet.

f) Edelstahl besitzt eine Dichte von $7{,}9 \frac{\text{g}}{\text{cm}^3}$. Ein 10 cm hoher Zylinder aus Edelstahl mit einem Durchmesser von 4 cm wiegt dann ca. ein Kilogramm.

Zylinder

Zusammenfassung

→ Seite 98

Volumen und Oberflächen

Das **Volumen eines Quaders** wird berechnet, indem man die Kantenlängen multipliziert. Es gilt also: $V = a \cdot b \cdot c$

gegeben: Quader mit
$a = 5\,\text{cm}$; $b = 2\,\text{cm}$ und $c = 10\,\text{cm}$
$V = 5\,\text{cm} \cdot 2\,\text{cm} \cdot 10\,\text{cm} = 100\,\text{cm}^3$

Der **Oberflächeninhalt** eines Körpers ist die Summe der Flächeninhalte der Teilflächen.

Bei einem Quader sind die gegenüberliegenden Flächen gleich groß.
Es gilt also: $A_O = 2 \cdot a \cdot b + 2 \cdot a \cdot c + 2 \cdot b \cdot c$
oder $A_O = 2 \cdot (a \cdot b + a \cdot c + b \cdot c)$

$A_O = 2 \cdot (5\,\text{cm} \cdot 2\,\text{cm} + 5\,\text{cm} \cdot 10\,\text{cm}$
$\qquad + 2\,\text{cm} \cdot 10\,\text{cm})$
$\quad = 2 \cdot (10\,\text{cm}^2 + 50\,\text{cm}^2 + 20\,\text{cm}^2) = 160\,\text{cm}^2$

Weil bei einem **Würfel** alle Kanten die gleiche Länge besitzen, gilt:
$V = a \cdot a \cdot a = a^3$ und $A_O = 6 \cdot a^2$

gegeben: Würfel mit $a = 2\,\text{cm}$
$V = (2\,\text{cm})^3 = 8\,\text{cm}^3$
$A_O = 6 \cdot (2\,\text{cm})^2 = 24\,\text{cm}^2$

→ Seiten 102

Netze und Oberflächen von Zylindern

Das **Netz eines Zylinders** besteht aus zwei Kreisen (Grund- und Deckfläche) und einem Rechteck (Mantelfläche). Die Länge des Rechtecks entspricht dabei dem Umfang der Kreise.

Mantelflächeninhalt des Zylinders
$A_M = 2 \cdot \pi \cdot r \cdot h$
Oberflächeninhalt des Zylinders
$A_O = 2 \cdot \pi \cdot r \cdot (r + h)$

Eine zylinderförmige Kerze hat die Maße
$r = 5\,\text{cm}$, $h = 14\,\text{cm}$.
$A_M = 2 \cdot \pi \cdot 5\,\text{cm} \cdot 14\,\text{cm} \approx 439{,}8\,\text{cm}^2$
$A_O = 2 \cdot \pi \cdot 5\,\text{cm} \cdot (5\,\text{cm} + 14\,\text{cm}) \approx 596{,}9\,\text{cm}^2$

→ Seite 106

Schrägbilder und Volumen von Zylindern

Das **Volumen V eines Zylinders** mit dem Radius r und der Höhe h lässt sich wie folgt berechnen: $V = \pi \cdot r^2 \cdot h$

Für die Kerze gilt:
$V = \pi \cdot (5\,\text{cm})^2 \cdot 14\,\text{cm} \approx 1099{,}6\,\text{cm}^3$

Die **Masse m** eines Körpers wird aus dem Produkt seines Volumens V und seiner Dichte ϱ berechnet. Beim Zylinder gilt:
$m = V \cdot \varrho = \pi \cdot r^2 \cdot h \cdot \varrho$

Wachs hat eine Dichte von $0{,}8\,\frac{\text{g}}{\text{cm}^3}$.
$m \approx 1099{,}6\,\text{cm}^3 \cdot 0{,}8\,\frac{\text{g}}{\text{cm}^3} = 879{,}68\,\text{g}$
Die Kerze wiegt etwa 880 g.

Um ein Schrägbild eines Zylinders zu zeichnen, kann man ausgehend von einer Ellipse als Grundfläche die Höhe abtragen und die Deckfläche skizzieren. Verdeckte Kanten werden gestrichelt dargestellt.

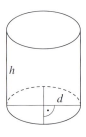

116

Mathematik im Beruf

Welcher Beruf passt zu dir?
Bist du handwerklich oder eher technisch interessiert?
Wäre ein sozialer Beruf etwas für dich oder besser ein kaufmännischer?

In diesem Kapitel werden verschiedene Berufe kurz vorgestellt.
Jeweils passend dazu findest du Mathematik-Aufgaben,
die dir in diesem Beruf begegnen können.

Größere Betriebe und Behörden laden zu Berufseingangstests ein,
um unter verschiedenen Bewerber auszuwählen.
Tipps und Beispiele dazu findest du auf den nächsten Seiten.

Mathematik im Beruf

■ Auf dem Weg in die Berufswelt

Da es meistens mehrere Bewerber auf einen Ausbildungsplatz gibt, setzen viele größere Betriebe, Behörden oder Banken Testverfahren ein. So können sie bereits eine Vorauswahl für nachfolgende persönliche Bewerbungsgespräche treffen.

Diese so genannten **Berufseingangstests** unterscheiden sich in ihrer Qualität, ihrer Form und ihrem Inhalt oft sehr voneinander.

Häufig legt man den Bewerbern schriftliche Prüfungen vor, die zur Überprüfung des Wissens eingesetzt werden, das in der Schule vermittelt wurde. Abgefragt werden vor allem die Mathematik- und Deutschkenntnisse sowie das Allgemeinwissen. Je nach Ausbildungsberuf können aber auch weitere Kenntnisse und Fähigkeiten getestet werden, wie etwa technisches Verständnis oder Konzentrationsfähigkeit.

Der nun folgende Diagnosetest (S. 120), die Übungsaufgaben (S. 122) sowie der abschließende Auswahltest (S. 128) sollen eine Vorstellung von dem geben, was bei Berufseingangstests aus dem Bereich der mathematischen Kenntnisse abgefragt werden kann.
Das Mindmap gibt einen Überblick über mögliche mathematische Themen.

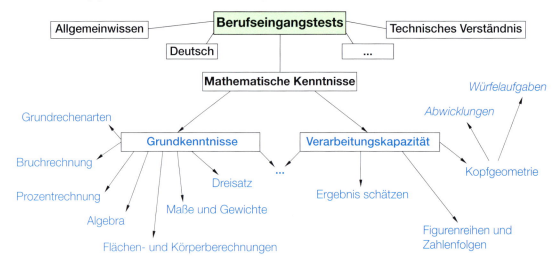

Mit Hilfe der Eingangsdiagnose soll festgestellt werden, wo deine Stärken und deine Schwächen im Bereich der mathematischen Kenntnisse liegen.
Die dann folgenden Aufgaben stellen eine gute Möglichkeit dar, mathematische Inhalte zu wiederholen oder zu vertiefen.

Der abschließende Test soll eine Testsituation nachstellen. Es handelt sich aber keinesfalls um einen „echten Test", da nur ausgewählte mathematische Fähigkeiten abgefragt werden und reale Berufseingangstest wesentlich komplexer sind.

Auf dem Weg in die Berufswelt

Tipps und Hinweise

1. Gezielt bewerben

Bevor du dich auf einen Ausbildungsplatz bewirbst, solltest du versuchen, deine Stärken und Schwächen sowie deine Neigungen möglichst genau einzuschätzen. Nur dann ist es dir möglich, die Berufe herauszufinden, für die du wegen deiner Voraussetzungen besonders geeignet bist. Folgende Fragen solltest du dir stellen:

- Habe ich ein besonderes Talent oder eine besondere Begabung?
- In welchen Bereichen liegen meine Stärken?
- Wofür bin ich überhaupt nicht geeignet bzw. was fällt mir schwer?
- Welche Erfahrungen oder Qualifikationen habe ich bereits gesammelt?
- Stimmen meine Fähigkeiten mit meinen Interessen überein?
- Wie sieht mein Wunsch-Arbeitsplatz aus (Arbeitszeit, Aufstiegschancen, …)?
- Welches Berufsfeld kommt für mich in Frage?

Bei der Selbsteinschätzung können dir Eltern, Freunde und Verwandte helfen. Auch bei der Berufsberatung findest du unterstützende Hilfe.

Beachte, dass der Arbeitgeber über das Bewerbungsanschreiben den ersten Eindruck von dir erhält. Deswegen muss das Bewerbungsschreiben formal absolut einwandfrei und ohne Rechtschreibfehler sein. Dabei sollten in jedem Fall die geltenden Standards beachtet werden.

↻ 119-1
Über den Webcode gelangt man zu einer Linkliste zu Informationen über Ausbildungsberufe, Bewerbungsschreiben und Ausbildungsplätze.

2. Vorbereitung

Dem Bewerber werden häufig schulähnliche schriftliche Prüfungen vorgelegt. Darauf kann man sich vorbereiten.

Informiere dich zunächst, welche Kenntnisse für den angestrebten Ausbildungsberuf besonders wichtig sind. Vielleicht ist ein Auszubildender oder ein Mitarbeiter bereit, dir Auskunft darüber zu geben, was in den Vorjahren abgefragt wurde und auf welche Kenntnisse besonders großer Wert gelegt wird.

Überprüfe dann selbstkritisch, inwieweit du über diese Kenntnisse verfügst. Schließe deine Wissenslücken durch intensives Üben. Übungsmaterial bietet unter anderem die Agentur für Arbeit an.

3. Beim Test

Beachte in der Testsituation vor allem Folgendes:

- Lies dir die Aufgabenstellungen sorgfältig durch.
- Löse zunächst die Aufgaben, die du sicher beherrscht.
- Halte dich nicht zu lange mit der Lösung einer Aufgabe auf.
- Bleibe ruhig! Die Zeit zum Lösen der Aufgaben ist häufig sehr knapp kalkuliert.
  So wollen die Arbeitgeber sehen, wie die Bewerber in stressigen Situationen reagieren.
  Die Bedingungen sind aber für alle Bewerber gleich.

↻ 119-2
Unter dem Webcode befindet sich eine Linkliste zu Aufgaben aus Berufseingangstests.

4. Literatur

Besorge dir Literatur zu Bewerbungsschreiben und Einstellungstests. Du kannst auch im Internet nachschauen, wie man sich richtig bewirbt und was man unbedingt beachten muss.

> Berufseingangstest Mathematik problemlos, Cornelsen Verlag.
> Mein Job! Mustergültig bewerben – Überzeugende Bewerbungsunterlagen, Deutscher Sparkassenverlag.
> Orientierungshilfe zu Auswahltests, Bundesanstalt für Arbeit.

Mathematik im Beruf

Eingangsdiagnose

120-1
Die Aufgaben können unter dem Webcode auch als Arbeitsblatt ausgedruckt werden.

Löse die folgenden Aufgaben ganz in Ruhe in deinem Heft. Löse die Aufgaben ohne Taschenrechner und Formelsammlung.

Grundkenntnisse

I Grundrechenarten

1 Berechne.
a) 308 + 9930
b) 704 − 187
c) 409 · 814
d) 48 656 : 8
e) 34 + 66 · 2
f) (462 − 228) : 26
g) 1440 : 32 − 470 · 3

II Maße und Massen

2 Berechne.
a) 30 mm = ____ cm
b) 0,6 km = ____ m
c) 7 kg 500 g = ____ kg
d) 35 kg = ____ t
e) 2 h 10 min = ____ min
f) 2,5 m² = ____ cm²
g) 20 cm³ = ____ mm³

3 Gib die Maßeinheit an.
a) Die Handfläche beträgt ungefähr 1 ____.
b) Eine Seitenfläche eines normalen Spielwürfels beträgt ungefähr 1 ____.

III Brüche und Dezimalbrüche

4 Wandle um.
a) Wandle $\frac{7}{25}$ in einen Dezimalbruch um.
b) Wandle 0,25 in einen Bruch um.

5 Berechne.
a) $\frac{2}{3} + \frac{2}{9}$
b) $2{,}35 - 1\frac{2}{5}$
c) $\frac{4}{15} \cdot \frac{5}{8}$
d) 1,988 : 0,7
e) $2{,}5 + 3\frac{1}{4} \cdot 5{,}8$
f) $\frac{23}{30} - \frac{3}{5}$

IV Prozentrechnung

6 Wandle um.
a) Wandle 8 % in einen Dezimalbruch um.
b) Schreibe 0,3 als Prozentzahl.
c) Schreibe $\frac{8}{10}$ als Prozentzahl.

7 Berechne.
a) 7 % von 800 €
b) 20 % von 600 kg
c) 7 von 25 Autos
d) 6 % sind 240 Schüler, 100 % sind…
e) 2000 € werden 8 Monate zu 3 % angelegt.
f) Nach einer Reduzierung um 20 % kostet die CD 12 €. Wie viel kostete sie vorher?
g) 120 € werden angelegt. Nach einem Jahr sind es 126 €. Wie hoch war der Zinssatz?

V Dreisatz

8 Ein Heft kostet 0,39 €. Wie viel kosten sechs Hefte?

9 Drei Schokoriegel kosten 2,25 €. Wie viel kosten neun Schokoriegel?

10 Ein Maler benötigt 8 h für eine Arbeit. Wie viel Stunden benötigen zwei Maler?

11 Bei einer Geschwindigkeit von $120\,\frac{km}{h}$ benötigt ein Auto 4 h für eine Strecke. Wie lange benötigt ein Lkw mit $80\,\frac{km}{h}$ für die gleiche Strecke?

12 Für einen Ausflug zahlen 26 Teilnehmer je 15 €. Wie viel zahlt jeder Teilnehmer, wenn nur 25 Personen mitfahren, die Gesamtkosten für den Ausflug aber unverändert bleiben.

13 Ein Teich wird mit vier Pumpen in $3\frac{1}{2}$ Stunden leer gepumpt. Wie lange dauert es, wenn fünf Pumpen im Einsatz sind?

Auf dem Weg in die Berufswelt

VI Flächen- und Körperberechnungen

14 Der Flächeninhalt eines Rechtecks beträgt 51 cm². Seite *a* ist 6 cm lang. Bestimme *b*.

15 Bestimme den Umfang eines Kreises mit *r* = 3 cm. (π ≈ 3,14)

16 Bestimme das Volumen eines Quaders mit *a* = 5 m, *b* = 6 m und *c* = 9 m.

17 Bestimme den Oberflächeninhalt eines Würfels mit der Kantenlänge *a* = 10 cm.

18 Die Kantenlänge eines Würfels wird verdoppelt. Wie ändert sich sein Volumen?

19 Ein gleichseitiges Dreieck hat einen Umfang von 12 cm. Berechne den Flächeninhalt.

VII Algebra

20 Vereinfache den Term.
$3a + 8b + 7a - 5b$

21 Vereinfache den Term.
$7(2x + 5) - (6 - 3x)$

22 Löse die Gleichung nach *x* auf.
a) $3x + 5 = 5x - 9$
b) $5x - 13 = 5 - 4x$

23 Jens ist doppelt so alt wie Daniel. Zusammen sind sie 27 Jahre alt. Stell eine Gleichung auf und löse sie.

24 Die Differenz aus dem Fünffachen einer Zahl und 87 ist 43. Bestimme die Zahl. Stell eine Gleichung auf und löse sie.

Verarbeitungskapazität

VIII Ergebnisse schätzen

25 Überschlage und schätze die Ergebnisse.
a) 7541 + 5823 + 8751
　① 22 089　② 22 115　③ 19 115
　④ 19 089　⑤ 25 085
b) 2 · 3 · 4 · 5
　① 12　② 120　③ 234
　④ 2345　⑤ 12 345
c) 38 · 125 + 19 · 125 + 43 · 125
　① 125　② 1250　③ 12 500
　④ 38 125　⑤ 381 943
d) Wie alt bist du ungefähr (in Stunden)?
　① 135 h　② 1350 h　③ 13 500 h
　④ 135 000 h　⑤ 1 350 000 h

IX Zahlenfolgen und Figurenreihen

26 Ergänze um drei Zahlen bzw. Figuren.
a) 2, 5, 8, 11, ___, ___, ___
b) 45, 43, 49, 47, 53, ___, ___, ___
c) 2, 5, 7, 12, 19, ___, ___, ___
d) 4, 12, 7, 21, 16, 48, ___, ___, ___
e)

X Kopfgeometrie

27 Welcher der vier Körper links kann aus der Faltvorlage rechts gebildet werden?

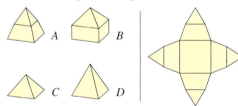

28 Welches der fünf Zeichen passt nicht in die Zeichenfolge?

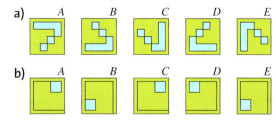

29 Wie viele Flächen hat der Körper insgesamt?

a) 　b)

Mathematik im Beruf

Training

Grundkenntnisse

BEACHTE
Weitere Aufgaben zu den Bereichen dieser Seite findest du in den Büchern „Zahlen und Größen NRW (ZAG)" 5 und 6:
▶ Grundrechenarten, ZAG 5 ab den Seiten 59 und 113
▶ Maße und Massen, ZAG 5 ab Seite 39
▶ Brüche und Dezimalbrüche, ZAG 5 ab Seite 137 und ZAG 6 ab den Seiten 29 und 77

I Grundrechenarten

1 Berechne.
a) 7546 + 53 805 + 1 929
b) 18 024 + 256 + 20 147 + 2 308
c) 15 748 − 8952
d) 205 801 − 58 942
e) 14 987 − 2 547 − 8835

2 Berechne.
a) 7294 · 917
b) 40 802 · 5810
c) 45 027 · 2065
d) 3024 : 4
e) 14 399 : 7
f) 78 012 : 12

3 Berechne. Beachte die Rechenregeln.
a) 1364 : 31 − 225 · 4
b) 655 − 14 · (37 + 85) + 216 : (199 − 187)
c) (132 + 68) · 17 + 21 · (437 − 77) − 230

4 Rechne vorteilhaft.
a) 86 + 573 + 207 − 36
b) 25 · 7 · 4 · 5
c) 277 : 7 − 137 : 7
d) 27 · 24 + 27 · 76

5 Beachte genau die Reihenfolge der Rechenschritte.
a) 147 + 105 · 23 + 64
b) (147 + 105) · 23 + 64
c) 147 + 105 · (23 + 64)
d) (147 + 105) · (23 + 64)
e) 678 − 246 : 6 − 38
f) (678 − 246) : (6 − 38)

II Maße und Massen

6 Rechne in die angegebene Einheit um.
a) 14 dm (cm)
b) 14,6 m (dm)
c) 7,8 km (m)
d) 54 mm (dm)
e) 8500 g (kg)
f) 2,8 t (kg)
g) 4 kg 50 g (g)
h) 2 h (min)
i) 12 min (s)
j) $2\frac{1}{4}$ h (min)

7 Rechne um.
a) in Minuten: 3600 s, 2520 s
b) in Stunden und Minuten: 24 000 s

8 Schreibe in der angegebenen Einheit.
a) 2 m² (dm²)
b) 6000 mm² (cm²)
c) 0,5 km² (m²)
d) 5 ha (m²)
e) 3 m³ (dm³)
f) 2 m³ 50 dm³ (m³)
g) 1280 cm³ (ℓ)
h) 0,3 m³ (ℓ)

III Brüche und Dezimalbrüche

9 Wandle in einen Dezimalbruch um.
a) $\frac{7}{10}$
b) $\frac{47}{100}$
c) $\frac{33}{1000}$
d) $\frac{1}{2}$
e) $\frac{3}{5}$
f) $\frac{12}{2}$5
g) $\frac{17}{20}$
h) $3\frac{7}{50}$
i) $12\frac{3}{8}$

10 Berechne.
a) 0,3 + 2,4
b) 3,9 + 4,71
c) 5,1 − 3,8
d) 2,05 − 0,5
e) 8,6 · 6,3
f) 0,9 · 6
g) 21,44 : 8
h) 3,048 : 6
i) 1,9 : 0,5
j) 3,0228 : 0,12
k) 9 : 3,6 + 4,8
l) 2,6 + 3,4 · 0,8
m) 53,2 − 9 − 8,07
n) 1,44 : (0,9 + 0,3) : 0,6

11 Berechne und kürze das Ergebnis, falls möglich.
a) $\frac{2}{7} + \frac{4}{7}$
b) $\frac{1}{9} + \frac{5}{9}$
c) $\frac{13}{24} + \frac{5}{24}$
d) $\frac{2}{5} + \frac{2}{10}$
e) $\frac{3}{4} + \frac{1}{5}$
f) $\frac{5}{9} + \frac{1}{12}$
g) $\frac{2}{9} + \frac{9}{10}$
h) $1\frac{1}{2} + 3\frac{5}{8}$
i) $\frac{7}{8} − \frac{5}{8}$
j) $\frac{5}{12} − \frac{1}{4}$
k) $\frac{4}{9} − \frac{5}{18}$
l) $\frac{7}{15} − \frac{1}{6}$
m) $5\frac{7}{8} − 3\frac{1}{6}$
n) $7\frac{1}{2} − 3\frac{5}{6}$
o) $6\frac{4}{5} + 3$

12 Berechne. Kürze, falls möglich.
a) $\frac{2}{7} \cdot \frac{3}{5}$
b) $\frac{3}{8} \cdot \frac{4}{5}$
c) $\frac{5}{6} \cdot \frac{9}{10}$
d) $1\frac{1}{4} \cdot 6$
e) $2\frac{1}{2} \cdot 3\frac{1}{4}$
f) $3\frac{3}{4} \cdot 4\frac{3}{5}$

13 Berechne. Kürze, falls möglich.
a) $\frac{1}{3} : \frac{1}{6}$
b) $\frac{4}{9} : \frac{5}{18}$
c) $\frac{2}{5} : \frac{3}{7}$
d) $1\frac{2}{5} : \frac{3}{19}$
e) $1\frac{4}{5} : 2\frac{1}{2}$
f) $\frac{15}{16} : 27$

14 Berechne.
a) $\frac{3}{4} − \frac{1}{5} \cdot \frac{3}{4}$
b) $\frac{3}{4} \cdot \frac{2}{3} + \frac{1}{4} \cdot \frac{2}{3}$
c) $(\frac{2}{3} + \frac{5}{6}) : \frac{5}{12}$
d) $7 : (\frac{7}{5} − \frac{21}{28})$

122

Auf dem Weg in die Berufswelt

IV Prozentrechnung

15 Berechne den Prozentwert.
a) 8 % von 200 kg
b) 25 % von 120 m
c) 20 % von 15 000 Stimmen
d) 15 % von 1200 Schülern
e) 4,75 % von 5000 €
f) 138 % von 2540 ℓ

16 Bestimme den Prozentsatz.
a) 38 Aufgaben von 50 Aufgaben
b) 8 m von 25 m
c) 138 Punkte von 200 Punkten
d) 45 kg von 375 kg
e) 12 Minuten von einer Stunde
f) 9 von 24 Schülern

17 Berechne den Grundwert.
a) 25 % sind 8 kg
b) 16 % sind 32 m
c) 8 % sind 14 Punkte
d) 23 % sind 184 Schüler
e) 37,5 % sind 937,5 €
f) 12,1 % sind 2 h 1 min

18 Bei einer Produktion sind 3 % Ausschuss angefallen. Wie viele von 6400 Artikeln sind nicht zu gebrauchen?

19 Ute will sich ein Fahrrad für 300 € kaufen. Es fehlen ihr noch 240 € an der Gesamtsumme. Wie viel Prozent sind das?

20 Eine Versicherung zahlt Herrn Moll bei einem Unfallschaden von insgesamt 1800 € nur 85 %.
a) Wie viel Euro zahlt die Versicherung an Herrn Moll?
b) Wie viel Euro muss Herr Moll noch selbst bezahlen?

21 Der Preis für einen Tisch wurde von 255 € auf 224,40 € reduziert.
a) Auf wie viel Prozent ist der Preis des Tisches gesenkt worden?
b) Um wie viel Prozent ist der Preis gefallen?

22 Ein Sportler hat seinen Wettkampf mit 5123 Punkten beendet. Das sind 94 % der Höchstpunktzahl. Wie viele Punkte waren zu erreichen?

23 Eine Reparatur kostet 470 €. Auf diese Kosten werden 19 % Mehrwertsteuer erhoben.
a) Wie viel Euro entspricht die Mehrwertsteuer?
b) Wie viel Euro kostet die Reparatur einschließlich Mehrwertsteuer (Endpreis)?

24 Nach einer 7%igen Mieterhöhung müssen 660,19 € Miete gezahlt werden. Wie viel Miete musste vor der Erhöhung bezahlt werden?

25 Frau Klein bekommt beim Kauf eines Mantels 6 % Rabatt. Sie zahlt jetzt für den Mantel noch 219,02 €.
Gib den alten Preis des Mantels an.

26 Franz erhält für sein Sparguthaben, das mit 3,5 % verzinst wurde, 7 € Zinsen. Wie hoch war das Sparguthaben?

27 Wie viel Zinsen bringt ein Kapital von 4000 € bei einem Zinssatz von 4,5 % in 9 Monaten?

V Dreisatz

28 Welche der folgenden Zuordnungen können proportional oder antiproportional sein?
Begründe und gib gegebenenfalls notwendige Bedingungen an.
a) Alter → Körpergröße
b) Schriftgröße → Zeilen pro Seite
c) Anzahl der Eiskugeln → Preis
d) Anzahl der Lkw → Zeit, um 50 m³ Sand zu liefern
e) Anzahl der 1-Euro-Stücke → Masse
f) Anzahl der Colaflaschen → Zuckergehalt
g) Anzahl der Rasenmäher → Zeit, um einen Rasenplatz zu mähen
h) Seitenlänge eines Quadrats → Umfang
i) Geschwindigkeit → Dauer einer Fahrt

BEACHTE
Weitere Aufgaben zu den Bereichen dieser Seite findest du in den Büchern „Zahlen und Größen NRW (ZAG)" 6 und 7:
▸ Prozentrechnung, ZAG 6 ab Seite 39 und ZAG 7 ab Seite 105
▸ Dreisatz, ZAG 7 ab Seite 51

Mathematik im Beruf

BEACHTE
Weitere Aufgaben zum Dreisatz findest du im Buch „Zahlen und Größen NRW (ZAG)" 7 ab Seite 51.

29 Gib Beispiele aus dem Alltag an.
a) Je größer ___ , desto größer ___
b) Je größer ___ , desto kleiner ___
c) Verdoppelt sich ___ , so verdoppelt sich auch ___
d) Wenn sich ___ halbiert, so verdoppelt sich ___

30 Welche der folgenden Zuordnungen sind proportional oder antiproportional?

a)
x	0	1	2	3	4
y	0	4	8	12	16

b)
x	0	1	2	3	4
y	2	3	4	5	6

c)
x	1	2	3	4	5
y	2	5	8	11	14

d)
x	1	2	3	4	6
y	24	12	8	6	4

e)
x	2	4	5	12	15
y	1	2	$2\frac{1}{2}$	6	$7\frac{1}{2}$

31 Sind die Aussagen richtig oder falsch?
a) Proportionale Zuordnungen sind produktgleich.
b) Antiproportionale Zuordnungen sind quotientengleich.
c) Bei proportionalen Zuordnungen gehört zum Doppelten der Ausgangsgröße das Doppelte der zugeordneten Größe.
d) Der Graph einer proportionalen Zuordnung ist eine Halbgerade durch den Ursprung.

32 Ergänze die Tabellen so, dass eine proportionale Zuordnung vorliegt.

a)
x	1	2	3	4	5
y	6				

b)
x	1	2	3	4	5
y		1,5			

c)
x	$\frac{1}{2}$	1	$1\frac{1}{2}$	2	$2\frac{1}{2}$
y		8			

33 Ergänze die Tabelle im Heft, sodass eine antiproportionale Zuordnung vorliegt.

a)
x	1	2	3	4	5
y	180				

b)
x	1	2	3	4	5
y		30			

c)
x	1	2	4	5	8
y				16	

34 850 g Fleisch kosten 8,33 €. Gib den Preis für 1 kg Fleisch an.

35 Ein Pkw verbraucht auf einer Strecke von 45 km 3,6 ℓ Benzin. Wie hoch ist der Benzinverbrauch auf 100 km?

36 Ein Vater benötigt bei einer Schrittweite von 75 cm für einen Weg 620 Schritte. Wie groß ist die Schrittweite seiner Tochter, die für die gleiche Strecke 930 Schritte benötigt?

37 Ein Mieter muss für 20 m³ Wasser einschließlich Nebenkosten 46 € bezahlen. Wie viel zahlt ein anderer Hausbewohner für 25 m³ Wasser?

38 Bei einer Durchschnittsgeschwindigkeit von 120 $\frac{km}{h}$ benötigt Herr Meyer für die Strecke Nürnberg–Lübeck $5\frac{1}{2}$ Stunden. Wie lange benötigt ein Lkw mit einer Durchschnittsgeschwindigkeit von 80 $\frac{km}{h}$ für die gleiche Strecke?

39 Herr Bleistein hat 15 m² Wandfläche in seinem Bad gekachelt und dafür insgesamt 675 Kacheln benötigt. In der Küche möchte er auf einer insgesamt 4 m² großen Wandfläche die gleiche Kachelsorte verwenden.

40 150 Taschenrechner kosten 1723,50 €. Die Klasse 9c hat 28 Taschenrechner bestellt. Wie viel muss die Klasse 9c bezahlen?

41 Der Futtervorrat einer Hundepension reicht 21 Tage für 15 Hunde. Wie lange reicht er für 18 Hunde?

Auf dem Weg in die Berufswelt

VI Flächen- und Körperberechnungen

42 Ein Rechteck ist 90 m lang und 55 m breit. Berechne den Flächeninhalt und gib den Umfang an.

43 Der Umfang eines Rechtecks beträgt 28 cm und die Breite 6 cm. Bestimme die Länge und den Flächeninhalt des Rechtecks.

44 Eine quadratische Fläche hat einen Inhalt von 4 ha.
a) Wie viel m^2 sind das?
b) Gib die Seitenlänge in m an.

45 Eine rechteckige Fläche, die 3,5 m lang und 2,8 m breit ist, soll mit quadratischen Fliesen ausgelegt werden.
a) Wie viel cm^2 hat die Rechteckfläche?
b) Wie viele Fliesen braucht man, wenn jede Fliese 49 cm^2 groß ist?

46 Ein Kreis hat einen Radius von 3 cm. Berechne den Umfang und den Flächeninhalt des Kreises.

47 Ein 5 m langes und 3 m breites quaderförmiges Schwimmbecken enthält 30 000 ℓ Wasser.
a) Rechne die Wassermenge in m^3 um.
b) Wie hoch steht das Wasser im Becken?

48 Ein zylinderförmiges Glas hat einen Durchmesser von 6 cm und ist 7 cm hoch.
a) Berechne das Volumen des Glases.
b) Wie lang muss ein Strohhalm mindestens sein, damit er aus dem Glas herausragt und man gut aus ihm trinken kann?

49 Welcher Körper hat das größere Volumen?
a) Quader mit $a = 3$ cm, $b = 4$ cm und $c = 5$ cm oder Würfel mit $a = 4$ cm
b) Zylinder mit $d = h = 10$ cm oder Würfel mit $a = 10$ cm
c) Prisma mit quadratischer Grundfläche und $a = 5$ cm und $h = 6$ cm oder Zylinder mit $d = h = 6$ cm

VII Algebra

50 Vereinfache.
a) $7x + 12 - 5x + 23$
b) $4a - 5b + 12a - 9b - 10a$
c) $7(3x - 12)$
d) $(3a + 10)(3a - 7)$
e) $2(3x + 5) + 3(7 - 8x)$
f) $8x - (3x + 9) + 4(5x - 13)$
g) $(3x + 4)(4x - 8)$

51 Löse die folgenden Gleichungen.
a) $x + 12 = 3x + 8$
b) $7t - 9 = 4t + 15$
c) $y - 11 - 10y = 29 - 7y$
d) $\frac{1}{4}v + 7 = \frac{1}{3}v + 6$
e) $2s + 5 - (s + 3) = 11$
f) $3(4 - 3x) + 112 = -5(x - 8)$

52 Die Summe aus dem Siebenfachen einer Zahl und 5 ist −37. Wie heißt die Zahl?

53 Die Summe von drei Zahlen ist 357. Die erste Zahl ist doppelt so groß wie die zweite Zahl. Die dritte Zahl ist halb so groß wie die zweite Zahl. Wie lauten die drei Zahlen?

54 Addiere zu einer Zahl 5, multipliziere die Summe mit 2 und subtrahiere von diesem Produkt 16, so erhältst du ebenso viel, als wenn du von der Zahl 12 subtrahierst und die Differenz verfünffachst. Wie lautet die Zahl?

55 Robert ist 13 Jahre älter als Enno. Zusammen sind sie 35 Jahre alt. Wie alt sind beide?

56 Mutter, Vater und Sohn sind zusammen 86 Jahre alt. Die Mutter ist 3-mal so alt wie ihr Sohn. Der Sohn ist 26 Jahre jünger als der Vater.
a) Wie alt ist der Sohn?
b) Wie alt sind der Vater und die Mutter?

57 Ein 2 m langes Brett soll in die gleiche Anzahl von Brettchen mit je 1 cm, 2 cm und 5 cm Länge zersägt werden.
a) Wie viele Brettchen gibt es von jeder Sorte?
b) Gib die Gesamtzahl der Brettchen an.

BEACHTE
Weitere Aufgaben zu den Bereichen dieser Seite findest du in den Büchern „Zahlen und Größen NRW (ZAG)" 6, 7, 8 und 9:
▶ Flächen- und Körperberechnung, ZAG 5 ab Seite 161, ZAG 6 ab Seite 119, ZAG 8 ab Seite 111 und ZAG 9 ab den Seiten 73 und 95
▶ Algebra, ZAG 7 ab Seite 153 und ZAG 8 ab den Seiten 5 und 35

Mathematik im Beruf

BEACHTE
Weitere Aufgaben zu den Bereichen dieser Seite findest du in den Büchern „Zahlen und Größen NRW (ZAG)" 5, 7 und 8:
▶ Algebra, ZAG 7 ab Seite 153 und ZAG 8 ab den Seiten 5 und 35
▶ Ergebnisse schätzen, ZAG 5 ab Seite 35
▶ Zahlenfolgen und Figurenreihen, ZAG 5 ab Seite 25

58 Eine 40 m² große Terrasse wird mit quadratischen Platten mit 20 cm Länge ausgelegt. Wie viele Platten sind nötig?

59 Drei Personen teilen sich 3360 € im Verhältnis 3 : 4 : 5. Die Gesamtsumme wird zunächst in 12 Teile geteilt. Person A erhält 3 Anteile, Person B 4 Anteile und Person C 5 Anteile.
a) Wie viel Euro beträgt ein Anteil?
b) Wie viel Euro erhält Person C?

60 In einem Dreieck ist der Winkel β um 60° größer als der Winkel α. Der Winkel γ ist 4-mal so groß wie der Winkel α.
a) Wie groß ist der Winkel α?
b) Wie groß ist der Winkel β bzw. γ?

61 Löse die folgenden Gleichungssysteme.
a) $y = 7x - 21$
   $y = 4x - 12$
b) $x + y = 19$
   $y = x + 1$
c) $2x + 2y = 8$
   $-2x + 3y = 12$
d) $2x + y = -1$
   $8x + 4y = 7$

Verarbeitungskapazität

VIII Ergebnisse schätzen

62 Finde das Ergebnis durch Schätzen oder durch einfache rechnerische Überlegungen.
a) 794 + 559
   ① 1293   ② 1243
   ③ 1343   ④ 1353
b) 18 035 – 8233
   ① 9802   ② 9808
   ③ 10 802   ④ 10 808
c) 98 · 3587
   ① 3526   ② 35 126
   ③ 351 526   ④ 3 515 126
d) 3796 : 4
   ① 949   ② 949,5
   ③ 824   ④ 824,5

63 Finde das Ergebnis durch Schätzen.
a) 3596 + 3654 + 3584
   ① 9834   ② 9837
   ③ 10 834   ④ 10 837
b) 245 · 23 + 245 · 77
   ① 24 500   ② 24 523
   ③ 245 100   ④ 2 452 377
c) $\sqrt{39204}$
   ① 98   ② 198
   ③ 1098   ④ 10 098
d) 9 · 10 · 11 · 12 · 13
   ① 1540   ② 15 440
   ③ 154 440   ④ 1 544 440
e) $\frac{120}{4} \cdot \frac{330}{3}$
   ① $\frac{3960}{12}$ ② $\frac{3300}{3}$ ③ 3300   ④ $\frac{13200}{4}$

64 Schätze die Ergebnisse der folgenden Aufgaben unter Verwendung runder Zahlen.
a) 345 · 28
b) 52 100 · 0,04
c) 0,045 · 0,24
d) 1144 : 52
e) 489,3 : 0,028
f) 0,28 : 0,039

65 Schätze die Ergebnisse unter Verwendung runder Zahlen.
a) Ein Flug über 4900 km dauerte 6,5 h. Wie viel km wurden pro Stunde ungefähr zurückgelegt?
b) Die Miete für ein Restaurant beträgt 20,50 € pro m². Schätze die ungefähre Höhe der Miete bei 110 m².
c) 30 Flaschen einer bestimmten Weinsorte kosten 177 €. Wie viel Flaschen der gleichen Weinsorte erhält man ungefähr für 500 Euro?

IX Zahlenfolgen und Figurenreihen

66 Ergänze die fehlende Zahl in der Folge.
a) 12, 17, 22, 27, ___
b) 12, 13, 15, 18, 22, ___
c) 16, 12, 17, 13, 18, ___
d) 19, 17, 20, 16, 21, 15, ___
e) 3, 8, 15, 24, 35, ___
f) 5, 3, 6, 3, 9, 5, ___
g) 1, 4, 9, 16, ___
h) 5, 6, 11, 17, 28, ___

Auf dem Weg in die Berufswelt

67 Vier der fünf Zeichen gehen durch Drehung auseinander hervor, eines nicht. Welches Zeichen ist es?

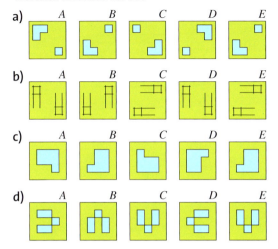

68 Ergänze passend zu der jeweiligen Reihe die fünfte Figur.

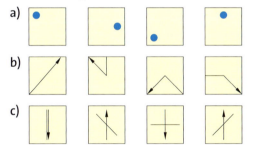

X Kopfgeometrie

69 Welcher der vier Körper kann aus der Faltvorlage rechts gebildet werden?

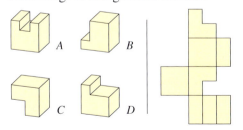

70 Wie viele Flächen hat der gezeichnete Körper? Zähle auch die nicht sichtbaren Flächen mit.

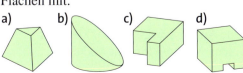

71 In der Zeichnung befindet sich links die perspektivische Darstellung eines Körpers und rechts daneben das zugehörige Netz. Ordne jeder mit einer Zahl gekennzeichneten Kante (schwarz) oder Fläche (rot) des Körpers den entsprechenden Buchstaben im Netz zu.

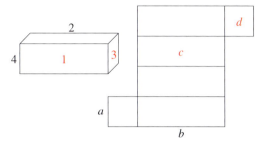

72 Alle Würfel haben die gleichen 6 verschiedenen Zeichnungen auf ihren Würfelseiten. Diese sind in unterschiedlicher Lage auf jedem der vier Würfel zu finden.

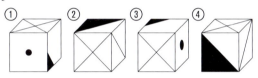

Die folgenden Würfel entsprechen jeweils einem Würfel oben in veränderter Lage. Ordne zu.

73 Von welcher Seite aus wird die Figur jeweils betrachtet? Gib den Buchstaben an.

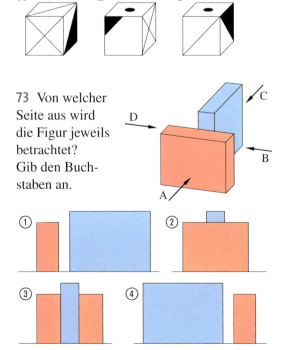

127

Mathematik im Beruf

Test

BEACHTE
Bei diesem Test wird – wie beim richtigen Einstellungstest auch – der mathematische Bereich nicht mehr angegeben, damit man beim Lösen der Aufgabe keine Vorinformationen hat.

↻ 128-1
Die Aufgaben können unter dem Webcode auch als Arbeitsblatt ausgedruckt werden. So können sie anschließend direkt korrigiert werden.

1 Berechne.
a) 358 401 + 58 942
b) 59 602 − 5897
c) 1582 + 5407 + 418 + 93
d) 2305 · 6187
e) 210 126 : 6
f) 65 042 : 17
g) 13 + 7 · 3
h) 139 − (39 + 25)

2 Die 306 Schülerinnen und Schüler sowie 8 Lehrer einer Gesamtschule wollen ein Theaterstück besuchen.
In einem Bus können 52 Personen transportiert werden. Wie viele Busse müssen bestellt werden?

3 Rechne in die angegebene Einheit um.
a) 12 cm (mm)
b) 800 cm (dm)
c) 3,5 km (m)
d) 150 m (km)
e) 6000 kg (t)
f) 450 g (kg)
g) 7 t 50 kg (kg)
h) 3 kg 50 g (kg)
i) 7 € 4 ct (€)
j) 2 € (ct)
k) 7 min (s)
l) 540 min (h)
m) 1 h (s)
n) 0,6 h (min)

4 Berechne und kürze das Ergebnis, falls dies möglich ist.
a) $\frac{5}{11} + \frac{3}{11}$
b) $\frac{5}{9} - \frac{2}{9}$
c) $\frac{5}{12} + \frac{1}{6}$
d) $8\frac{1}{2} - 5\frac{1}{6}$
e) $\frac{5}{6} + \frac{3}{8}$
f) $3\frac{3}{4} - 1\frac{7}{8}$
g) $\frac{3}{5} \cdot \frac{2}{7}$
h) $\frac{3}{4} \cdot 6$
i) $\frac{9}{14} \cdot \frac{7}{36}$
j) $1\frac{2}{3} \cdot 1\frac{4}{5}$
k) $\frac{6}{11} : 3$
l) $12 : \frac{3}{4}$
m) $\frac{1}{4} : \frac{3}{8}$
n) $2\frac{5}{11} : 1\frac{4}{5}$

5 Berechne.
a) 18,36 + 16,4
b) 3,572 + 0,28
c) 2 − 0,24
d) 7,654 − 4,567
e) 4,25 · 0,87
f) 8,99 · 12
g) 16,92 : 3
h) 1,221 : 0,6

6 Ergänze die fehlenden Zahlen in den Zahlenfolgen.
a) 57, 61, 65, 69, ___, ___, ___
b) 76, 73, 70, 67, ___, ___, ___
c) 10, 7, 14, 11, 22, ___, ___, ___
d) 13, 15, 19, 25, 33, ___, ___, ___
e) 5, 15, 7, 21, 13, ___, ___, ___
f) 3, 5, 8, 13, 21, 34, ___, ___, ___

7 Bestimme die fehlenden Werte.

	p %	G	W
a)	50 %	700 €	
b)	9 %	600 kg	
c)	56 %	1350 m	
d)		80 Schüler	20 Schüler
e)		300 €	12 €
f)	5 %		13 t
g)	34 %		85 Stück

8 Herr Wassenberg hat 8000 € mit einem Zinssatz von 4,5 % bei einer Bank angelegt.
a) Berechne die Zinsen für ein Jahr.
b) Wie hoch sind die Zinsen im Folgejahr? Berücksichtige den Zinseszinseffekt.

9 Bei der Bürgermeisterwahl erhielt Herr Knickfeld 53 % der Stimmen. Damit wurde er von 9858 Bürgern gewählt.
a) Wie viele Bürger haben bei der Wahl ihre Stimme abgegeben?
b) Gegenkandidat Mittermayer erhielt 5896 Stimmen. Berechne den Prozentsatz.

10 Ein quaderförmiges Aquarium ist 50 cm lang, 30 cm breit und 40 cm hoch.
a) Berechne das Volumen des Aquariums. Gib das Fassungsvermögen in Liter an.
b) Das Aquarium ist zu 95 % mit Wasser gefüllt. Wie viel Wasser ist enthalten?

11 Ein Landwirt besitzt ein rechteckiges Feld. Das Feld hat einen Flächeninhalt von 27 000 m² und ist 300 m lang.
a) Wie breit ist das Feld?
b) Eine Anlage bewässert 21 000 m² des Feldes. Wie viel Prozent sind das?

128

Auf dem Weg in die Berufswelt

12 Bei Bäckermeister Reffeling kostet ein Brötchen 0,24 €. 10 Brötchen verkauft er zum Sonderpreis von 2,10 €.
a) Mona kauft drei Brötchen. Wie viel Geld muss sie bezahlen?
b) Mona zahlt mit einer 1-€-Münze. Wie viel Geld erhält sie von der Verkäuferin zurück?
c) Herr Kleinen hat für 5,40 € Brötchen gekauft. Wie viele Brötchen hat er dafür erhalten?

13 An einer Großbaustelle sind 15 Arbeiter für ein Unternehmen tätig. Der Chef schätzt, dass die Arbeiten in 21 Tagen erledigt sind. Wie viele Arbeiter muss er an der Baustelle beschäftigen, wenn die Arbeit in 14 Tagen beendet sein muss?
Runde das Ergebnis sinnvoll.

14 Ein Kreis hat einen Umfang von 94,25 cm.
a) Berechne seinen Radius.
b) Bestimme den Flächeninhalt des Kreises.
c) Besitzt ein Kreis mit doppeltem Radius den doppelten Umfang (den doppelten Flächeninhalt)?

15 Ein Dreieck hat die Seitenlängen $a = 14$ cm, $b = 11,5$ cm und $c = 8$ cm. Ist das Dreieck rechtwinklig?
Begründe deine Meinung.

16 Löse die folgenden Gleichungen.
a) $15x + 48 = 20x - 12$
b) $3(4x + 6) = 2(8x - 3)$
c) $5x - (6 - 3x) = 18$

17 Ein Hotel hat 42 Zimmer. In Einzel- und Doppelzimmern stehen insgesamt 66 Betten. Wie viele Einzel- und wie viele Doppelzimmer hat das Hotel?

18 Inas Vater ist drei Jahre älter als ihre Mutter. Zusammen sind sie 99 Jahre alt. Bestimme das Alter von Inas Vater.

19 Ein Ehepaar ist zusammen 80 Jahre alt. Der Mann ist 4 Jahre älter als die Frau.

20 Finde das Ergebnis durch Schätzen.
a) $1895 + 5865 + 3584$
   ① 9344 ② 9345
   ③ 11 344 ④ 11 345
b) $7215 - 217$
   ① 6992 ② 6998
   ③ 7002 ④ 7008
c) $17 \cdot 45 - 7 \cdot 45$
   ① 100 ② 450
   ③ 1045 ④ 1450
d) $997 \cdot 1002$
   ① 8994 ② 98 994
   ③ 998 994 ④ 9 998 994

21 Vier der fünf Zeichen gehen durch Drehung auseinander hervor, eines nicht. Welches?
a)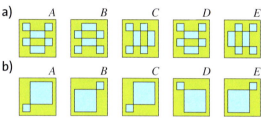
b)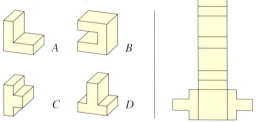

22 Welcher der vier Körper kann aus der Faltvorlage rechts gebildet werden?

23 Wie viele Flächen hat der gezeichnete Körper? Zähle auch die nicht sichtbaren Flächen mit.
a) b)

24 Welche drei Figuren sind gleich?
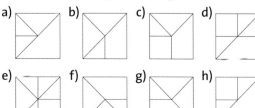

Mathematik im Beruf

Maler/in und Lackierer/in

Sibylle möchte eine Ausbildung zur Malerin und Lackiererin absolvieren.

Tätigkeit:
Maler- und Lackierer/innen gestalten, beschichten und bekleiden Innenwände, Decken, Böden und Fassaden von Gebäuden. Sie halten Objekte aus den unterschiedlichsten Materialien instand oder geben ihnen durch farbige Beschichtungen eine neue Oberfläche.

Ausbildung:
Maler/in und Lackierer/in ist ein dreijähriger Ausbildungsberuf im Handwerk.
Im Ausbildungsbetrieb lernen die Auszubildenden unter anderem, …

- wie man Beschichtungen durch Streichen, Rollen und Spritzen ausführt,
- wie Tapezier- und Klebearbeiten durchgeführt werden,
- wie vorbeugende Holz- und Bautenschutzmaßnahmen durchgeführt werden und wie man Schäden durch holzzerstörende Pilze und Insekten an Holzkonstruktionen beseitigt,
- wie Natursteine, Mauerwerk und Betonoberflächen gereinigt werden.

In der Berufsschule erwirbt man weitere Kenntnisse in berufsspezifischen Lernfeldern (z. B. Innenräume gestalten, Objekte instand setzen, dekorative und kommunikative Gestaltungen ausführen) sowie in allgemeinbildenden Fächern wie Deutsch und Wirtschafts- und Sozialkunde.

Interessen und Fähigkeiten:
Wer eine Ausbildung zum/r Maler- und Lackierer/in anstrebt, sollte Interesse an praktisch-konkreten Tätigkeiten, wie dem Anstreichen von Zimmerwänden und Zimmerdecken, dem Ausführen von Tapezierarbeiten oder dem Verkleben von Bodenbelägen haben. Zudem ist Interesse an kreativ-gestaltenden Tätigkeiten, räumliches Vorstellungsvermögen, handwerkliches Geschick und technisches Verständnis wichtig.

Voraussetzungen:
Rechtlich ist keine bestimmte Vorbildung festgeschrieben. Die Betriebe stellen aber überwiegend Ausbildungsanfänger/innen mit Hauptschulabschluss ein.

Maler/in und Lackierer/in

Sibylle arbeitet heute bei Familie Nederkorn.

1 Sie soll im Arbeitszimmer einen Bodenbelag verlegen. Das Arbeitszimmer ist 2,5 m breit und 4,0 m lang.
a) Berechne den Flächeninhalt des Arbeitszimmers.
b) Der Bodenbelag kostet 23 € pro Quadratmeter. Hinzu kommen 145 € Arbeitskosten. Welchen Preis muss Familie Nederkorn für das Verlegen des Bodenbelags bezahlen?

2 Das Wohnzimmer von Familie Nederkorn ist 2,80 m hoch, 4,00 m lang und 5,50 m breit. Es soll heute tapeziert werden.
a) Wie groß ist die Wandfläche höchstens?
b) Der Malermeister ermittelt für die Wandfläche eine Größe von 39 m^2. Welche Flächen, die nicht tapeziert werden, könnte er abgezogen haben?
c) Eine Tapetenrolle ist 50 cm breit und 10 m lang. Wie viele Tapetenrollen benötigt man mindestens, um das Wohnzimmer zu tapezieren? Wie viele Rollen sollten sicherheitshalber gekauft werden?

BEACHTE
Die Lösungen zu den Aufgaben auf diesen und den nächsten Seiten findest du ab Seite 157.

BEACHTE
Die Formelsammlung auf Seite 142 und ganz hinten im Buchumschlag kann dir bei den Aufgaben hier und auf den folgenden Seiten weiterhelfen.

3 Abschließend muss noch die Decke in der Küche gestrichen werden. Die Küche ist 3,50 m lang, 3,00 m breit und 2,80 m hoch.
Der Hersteller der Farbe gibt an, dass man pro Quadratmeter Fläche 150 ml Farbe benötigt.
a) Berechne den Inhalt der Deckenfläche.
b) Bestimme die Farbmenge, die Sibylle für die Decke benötigt.
c) Der Malermeister weist Sibylle an, die Farben weiß und grau im Verhältnis 4 : 1 zu mischen, damit die Deckenfarbe nicht zu hell wird. Welche Menge an weißer und grauer Farbe benötigt Sibylle, wenn sie 1700 ml Farbe anmischen möchte?

4 Bei Sybilles nächstem Auftrag muss der Boden einer Maschinenhalle gestrichen werden. Zwei Maler brauchen für diese Arbeit 12 Stunden. Sibylle soll den beiden Malern helfen.
Nach welcher Zeit sind die drei mit der Arbeit fertig? Unter welcher Bedingung ist dies der Fall?

131

Mathematik im Beruf

Tischler/in

Kevin möchte sich zum Tischler ausbilden lassen.

Tätigkeit:
Tischlerinnen und Tischler stellen Möbel, Türen und Fenster aus Holz her. Dazu müssen sie sägen, hobeln und schleifen, Furniere verarbeiten und die Holzoberflächen behandeln. Sie setzen Türen und Fenster auf Baustellen ein oder führen Innenausbauten durch. Meist handelt es sich dabei um Einzelanfertigungen. Außerdem beraten sie ihre Kunden, legen Skizzen an und nehmen dazu auch den Computer zu Hilfe.

Ausbildung:
Tischler/in ist ein dreijähriger Ausbildungsberuf im Handwerk.
Im Ausbildungsbetrieb lernen die Auszubildenden unter anderem, …
- welche Werkzeuge, Geräte und Maschinen es gibt und wie sie gehandhabt werden,
- welche verschiedenen Holzarten und Holzwerkstoffe es gibt und wie man sie manuell oder maschinell bearbeitet,
- was beim Anfertigen von Skizzen, Plänen und Zeichnungen zu beachten ist und wie man technische Unterlagen liest und den Materialbedarf ermittelt.

Interessen und Fähigkeiten:
Als Tischlerin oder Tischler sollte man Freude am Verarbeiten von Holz haben, um Möbel, Türen oder Fensterrahmen herzustellen.
Zusätzlich sollte man Interesse an kreativ-gestaltenden Tätigkeiten wie das Erstellen von Skizzen und Entwürfen für Innenausbauten und Einrichtungsgegenstände mitbringen.
Man sollte in der Lage sein, auch bei ungenauen Kundenaufträgen eine Vorstellung zu entwickeln und Kunden beratend zur Seite zu stehen.

Voraussetzungen:
Neben einer guten körperlichen Konstitution, Geschicklichkeit und Auge-Hand-Koordination, Umsicht und Teamfähigkeit sollte eine Tischlerin oder ein Tischler Interesse für die Schulfächer Mathematik, Werken/Technik und Physik zeigen. Rechtlich ist keine bestimmte Schulbildung vorgeschrieben. In der Praxis stellen Betriebe überwiegend Auszubildende mit Hauptschulabschluss ein.

Tischler/in

1 In seiner Ausbildung lernt Kevin verschiedene Eckverbindungen für Regale und Leisten kennen.

1. Genagelte Eckverbindung	2. Geschraubte Eckverbindung	3. Eckverbindung mit Eckleisten	4. Eckverbindung mit Dübeln

a) Welche Eckverbindung ist wohl die stabilste?
b) Welche Eckverbindung lässt sich am leichtesten wieder lösen?
c) Wie kann Kevin sichergehen, dass die Eckverbindungen wirklich in einem Winkel von 90° aufeinander stehen?

2 Egal, ob eine Decke vertäfelt, Dielen oder Parkett verlegt oder ein Einbauschrank eingepasst werden soll: es ist wichtig zu wissen, ob der Raum wirklich rechtwinklig ist.
a) Zeige in einer Rechnung, warum hier die Werte 30, 40 und 50 gewählt wurden.
b) Überprüfe, ob die Wände in deinem Raum rechtwinklig sind.
c) Welche Winkelarten liegen in der Ecke vor, wenn die Hypotenuse kürzer bzw. länger ist als 50 cm?

3 Berechne mit dem Satz des Pythagoras die Länge der Beine des Holzschemels.

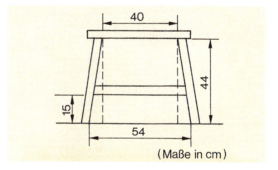

(Maße in cm)

4 Die Gebäudebreite bei einem Haus mit Pultdach beträgt 8,70 m. Das Dach ist 4,5 m hoch. Wie lang müssen die Dachsparren zugeschnitten werden, wenn sie auf jeder Seite 60 cm überstehen sollen?

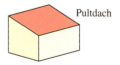

Pultdach

5 Ein Haus erhält ein Satteldach. Die Handwerker haben den Dachstuhl fast fertig gebaut. Nun müssen Dachdecker das Dach mit Ziegeln bedecken.
Die Höhe vom Boden bis zum Dachfirst beträgt 6 m.
a) Wie viel Quadratmeter Dachpappe werden zur Abdeckung des Dachstuhls mindestens benötigt?
b) Wie viele Ziegel werden mindestens benötigt, wenn pro Quadratmeter 15 Stück verlegt werden? Runde sinnvoll.

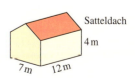

Satteldach
4 m
7 m   12 m

133

Mathematik im Beruf

Verkäufer/in

Sina macht eine Ausbildung zur Verkäuferin in einem Bekleidungsgeschäft.

Tätigkeit:
Verkäufer und Verkäuferinnen verkaufen Waren und auch Dienstleistungen. Sie beraten ihre Kunden, kassieren (auch bargeldlos über Kredit- und Geldkarten) und nehmen Reklamationen entgegen.
Außerdem kümmern sie sich um die Ausstattung ihres Verkaufsraums: Sie nehmen Waren an und sortieren sie, zeichnen Preise aus und räumen die Waren in Regale ein. Zudem prüfen sie den Bestand der Waren, führen Qualitätskontrollen durch und bestellen Ware nach.

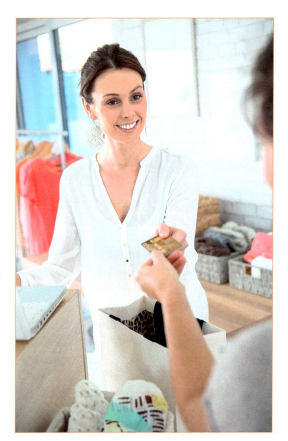

Ausbildung:
Die Ausbildung zum Verkäufer oder zur Verkäuferin dauert zwei Jahre. Allerdings kann man nach bestandener Abschlussprüfung noch ein weiteres Ausbildungsjahr dran hängen und sich zum Kaufmann bzw. zur Kauffrau im Einzelhandel qualifizieren.
Im ersten Ausbildungsjahr geht es um die Grundlagen wie den Überblick über das Warensortiment, den Umgang mit dem Kassensystem und den verschiedenen Zahlungsmethoden, um Umtausch, Reklamation und die Bestellung von Waren.
Im zweiten Ausbildungsjahr muss man sich zwischen vier Wahlqualifikationen entscheiden:
- Warenannahme und -lagerung
- Beratung und Verkauf
- Kasse
- Marketing

Interessen und Fähigkeiten:
Wer eine Ausbildung als Verkäuferin oder Verkäufer anstrebt, sollte gute Leistungen in Mathematik und Deutsch vorweisen können. Mit Preisen und Prozenten sollte man sicher rechnen können. Weil Kundenkontakt wichtig ist, sollte es einem leicht fallen, auf Menschen zuzugehen und ihnen freundlich und aufmerksam zu begegnen. Da Kunden nicht immer nett sind, sollte man auch mit Konfliktsituationen gut umgehen können.

Voraussetzungen:
Rechtlich ist keine bestimmte Vorbildung festgeschrieben. Die Betriebe stellen aber überwiegend Ausbildungsanfänger/innen mit Hauptschul- oder Realschulabschluss ein.

Verkäufer/in

1 Sina soll eine Bestellung aufgeben: Damen-Jeans, Preis pro Stück 39,90 €
– Größen 36, 38 und 40 jeweils 8-mal
– Größen 42, 44 und 46 jeweils 5-mal
a) Wie viele Jeans soll sie insgesamt bestellen?
b) Wie teuer wird die Bestellung?
c) Ist die Zuordnung *Anzahl der Jeans → Preis in €* proportional oder antiproportional?
Begründe, indem du die folgenden Sätze im Heft vervollständigst:
Je mehr Jeans man kauft, umso …
Verdoppelt man die Anzahl der Jeans, so …

2 Sina weiß, dass drei Paar Herrenschuhe des Modells „Budapest" zusammen 136,50 € kosten. Sie legt eine Tabelle an, aus der sie die Preise für 1, 2, … 10 Paare ablesen kann. Übertrage die Tabelle in dein Heft und fülle sie dort aus.

Anzahl Paare	1	2	3	4	5	6	7	8	9	10
Preis (in €)			136,50							

3 Weil bei einem Kleid ein kleiner Fehler im Stoff erkennbar ist, gewährt die Ladeninhaberin einer Kundin einen Preisnachlass von 20%. Das Kleid kostete ursprünglich 79 €. Welchen Betrag muss Sina abkassieren?

4 In acht Stunden verkaufen die sechs Angestellten in Sinas Filiale Waren im Wert von 8400 €. Sina überlegt, welchen Umsatz acht Angestellte in derselben Zeit machen könnten. Welche Voraussetzungen müssten dafür gelten?

5 Sina berät einen Kunden bei der Auswahl einer Jeanshose.
a) Ein Kunde sagt, dass ihm normalerweise Hosen mit 87 cm Bundumfang passen. Welcher normalen Größe entspricht dies und welche ist die entsprechende internationale Größe?

Normale Größe	44	46	48	50	52	54	56	58	60	62	64
International	XXS	XS	S	M	L	XL	XXL	3XL		4XL	
Brustumfang (cm)	86–89	90–93	94–97	98–101	102–105	106–109	110–113	114–117	118–121	122–125	126–128
Bundumfang (cm)	74–77	78–81	82–85	86–89	90–94	95–99	100–104	105–109	110–114	115–119	120–124
Gesäßumfang (cm)	90–93	94–97	98–101	102–105	106–109	110–113	114–117	118–121	122–125	126–129	
Körpergröße (cm)	166–170	168–173	171–176	174–179	177–182	180–184	182–186	184–188	185–189	187–190	191–192

b) Informiere dich im Internet danach, was z. B. die Größe 102 bei einem Mann bedeutet. Wonach sollte Sina bei ihrem Kunden also noch fragen, um ihm eine passende Hose anbieten zu können?

6 Für eine Aktionswoche sollen Einkaufstüten mit einem besonderen Text bestellt werden. Wenn man mindestens 500 Stück bestellt, so kostet die Tüte 1,24 €. Wenn man mindestens 1000 Stück bestellt, so sind es nur 0,86 € pro Tüte.
Wie viele Tüten dürften vom zweiten Angebot höchstens übrig bleiben, so dass es sich dennoch lohnt, 1000 Tüten zu bestellen?

Mathematik im Beruf

Friseur/in

Janine erzählt von ihrer Ausbildung zur Friseurin:
„Ich habe immer gern meinen Freundinnen beim Haarefärben geholfen. Jetzt bin ich im ersten Lehrjahr zur Friseurin im „Salon Locke" und habe schon Modellen die Haare geschnitten und sogar eine Dauerwelle gelegt. Die meisten Kundinnen und Kunden sind freundlich und ich mag es, mit ihnen zu reden. Nur manchmal finde ich es anstrengend, fast den ganzen Tag zu stehen."

Tätigkeit:
Friseure und Friseurinnen waschen, pflegen, schneiden, färben und frisieren Haare.
Sie beraten Kunden individuell in Fragen der Frisur, der Haarpflege sowie des Haarstylings, pflegen Hände, gestalten Fingernägel sowie Make-up und verkaufen kosmetische bzw. Haarpflegeartikel.

Ausbildung:
Friseur/in ist ein dreijähriger anerkannter Ausbildungsberuf im Handwerk.
Im Ausbildungsbetrieb lernen die Auszubildenden beispielsweise, …
- wie und mit welchen verschiedenen Substanzen das Haar und die Kopfhaut gereinigt und gepflegt werden können,
- mit welchen unterschiedlichen Techniken Haare geschnitten werden und wie dabei jeweilige Besonderheiten (z. B. Haaransatz, Wuchsrichtung, Fall) zu beachten sind,
- mit welchen Präparaten und Techniken (Wickeln, Wellen, Papillotier-Techniken) Frisuren gestaltet werden können,
- was beim Empfang, bei der Beratung, Betreuung und Behandlung von Kunden wichtig ist,
- wie Maschinen, Geräte und Werkzeuge gereinigt, desinfiziert und gepflegt werden.

In der Berufsschule erwirbt man weitere Kenntnisse in berufsspezifischen Lernfeldern (z. B. Haare und Kopfhaut pflegen, Haare dauerhaft umformen) sowie in allgemeinbildenden Fächern wie Deutsch und Wirtschafts- und Sozialkunde.

Interessen und Fähigkeiten:
Wer eine Ausbildung zum/r Friseur/in anstrebt, sollte Interesse an praktisch-konkreten, sozial-beratenden sowie an kreativ-gestaltenden Tätigkeiten haben. Zum ersteren gehören beispielsweise das Waschen von Kopfhaut und Haaren oder das Trocknen der Haare.
In den zweiten Bereich fällt z. B. das Beraten der Kunden.

Voraussetzungen:
Rechtlich ist keine bestimmte Vorbildung festgeschrieben. Die Betriebe stellen aber überwiegend Ausbildungsanfänger/innen mit Hauptschulabschluss ein.

Friseur/in

1 Die Geschäftsführerin des „Salon Locke" berechnet für das Schneiden von halblangem Haar einen Nettopreis von 28,00 € und für die Fertigstellung der Frisur mit dem Föhn 18,00 €. Janine soll die Preisliste schreiben und jeweils 19 % Mehrwertsteuer aufschlagen. Welchen Preis notiert sie für „Schneiden und Föhnen (halb lange Haare)"? Runde sinnvoll.

2 Janine lernt im Berufskolleg, eine Haarspülung aus einfachen Zutaten herzustellen. Drücke alle Zutaten in Prozent (bezogen auf die Gesamtmenge) aus.

> **HAARSPÜLUNG**
> 20 ml Bienenhonig
> 250 ml warmes Wasser
> 5 ml Obstessig
> Den Honig im warmen Wasser auflösen.
> Dann den Obstessig zugeben.
> Sofort verbrauchen, nicht aufbewahren.

3 In vielen Friseursalons erhalten die Angestellten Provision für verkaufte Produkte. Janine hat im letzten Monat Waren im Wert von 500 € umgesetzt. Sie bekam 75 € Provision. Wie hoch ist ihre Provision in Prozent?

4 Als gelernte/r Friseur/in verdient man zwischen 1423 € und 1815 € brutto (Stand 2015). In der Ausbildung ist die Vergütung vom 1. bis zum 3. Ausbildungsjahr gestaffelt.

Ausbildungsvergütung (monatlich, brutto, Stand 2015)

1. Ausbildungsjahr: 214 € bis 450 €

2. Ausbildungsjahr: 253 € bis 555 €

3. Ausbildungsjahr: 341 € bis 700 €

a) Janine bekommt in ihrem Ausbildungsbetrieb 320 € brutto im ersten Lehrjahr. Wie viel Prozent sind das bezogen auf die höchste Ausbildungsvergütung aus der Tabelle (450 €)?
b) Janine soll 30 % ihres Bruttogehalts zu Hause als Kostgeld abgeben. Wie viel zahlt sie im ersten Ausbildungsjahr monatlich an ihre Eltern?
c) Wie viel Prozent liegt der geringste Verdienst einer ausgelernten Friseurin unter dem höchsten?

5 Von den etwa 125 000 sozialversicherungspflichtig Beschäftigten im Friseurhandwerk sind 116 250 weiblich. Welchem Anteil entspricht das?

6 Janine hat notiert, welche Tätigkeiten sie durchschnittlich wie lange täglich ausführt.

Zuschauen	1,5 h
Waschen	1,5 h
Föhnen, Frisieren	1 h
Schneiden	15 min
Makeup	45 min
Wegräumen, Reinigen, Fegen, Farben mischen etc.	3 h

a) Gib die Zeiten jeweils in Prozent an.
b) Janine hofft, dass sich die Zeit für das Schneiden bald auf 30 % erhöht. Welcher Zeit entspricht das?

Mathematik im Beruf

Konditor/in

Elias hat vor einem Jahr seine Ausbildung zum Konditor begonnen. Er erzählt:
„Ich habe im ersten Lehrjahr gelernt, Blätter-, Mürbe- und Hefeteig herzustellen. Meinem Meister waren gute Noten in Biologie, Chemie und Mathematik wichtig, weil ich Gewichtsangaben umrechnen und Mischungsverhältnisse berechnen muss."

Tätigkeit:
Konditor/innen stellen unter anderem Torten, Kuchen, Pralinen, Gebäck und Speiseeis her.

Ausbildung:
Konditor/in ist ein dreijähriger Ausbildungsberuf im Handwerk
Im Ausbildungsbetrieb lernen die Auszubildenden, …
- welche Hygiene-, Sicherheits- und Gesundheitsvorschriften es gibt,
- was bei der Herstellung der unterschiedlichen Teige zu beachten ist,
- wie man Torten anfertigt,
- worauf man bei der Herstellung von Füllungen und Cremes achten sollte,
- welche Dekortechniken es gibt,
- wie man Rohstoffe und Erzeugnisse sachgerecht aufbewahrt.

In der Berufsschule erwirbt man weitere Kenntnisse in berufsspezifischen Lernfeldern (z. B. das Herstellen von Teig und Massen und das Verarbeiten von Zucker) sowie in allgemeinbildenden Fächern wie Deutsch und Wirtschafts- und Sozialkunde.

Interessen und Fähigkeiten:
Wer eine Ausbildung zum/r Konditor/in anstrebt, sollte Interesse an praktisch-konkreten Tätigkeiten haben. Dazu gehören zum Beispiel das rezeptgenaue Abwiegen von Zutaten für Backwaren und das Ausrollen und Flechten von Teigen. Zudem ist Interesse an kreativ-gestaltenden Tätigkeiten, wie dem Entwerfen und Gestalten von Torten wichtig.

Voraussetzungen:
Rechtlich ist keine bestimmte Vorbildung festgeschrieben. Die Betriebe stellen aber überwiegend Ausbildungsanfänger/innen mit Hauptschulabschluss oder mittlerem Bildungsabschluss ein.

Konditor/in

1 Elias hat von seiner Oma ein Rezept zur Herstellung von Hefeteig bekommen.
Für 8 Weckmänner benötigt man:
500 g Mehl, 60 g Butter, 60 g Zucker, 7 g Salz, 35 g Hefe, 200 ml Milch und ein Ei.
Sein Meister gibt ihm den Auftrag, Teig für 400 Weckmänner herzustellen.
Berechne die Menge der benötigten Zutaten.

2 Die folgende Aufgabe wurde Elias in der Berufsschule gestellt:
Ein Betrieb bestellt in deiner Konditorei Pralinenmischung. Insgesamt sollen 1500 Pralinen hergestellt werden. In der Mischung sollen dreimal so viele Trüffelpralinen wie Marzipanpralinen und doppelt so viele Nusspralinen wie Marzipanpralinen enthalten sein.
Wie viele Trüffel-, Nuss- und Marzipanpralinen müssen hergestellt werden?
Löse die Aufgabe, indem du die Tabelle in dein Heft überträgst und dort ergänzt.

1. Variable festlegen	Anzahl Marzipanpralinen: x
2. Terme bilden	Anzahl Trüffelpralinen: $3x$ Anzahl Nusspralinen: _____
3. Gleichung aufstellen 4. Gleichung lösen	$x +$ _____ $= 1500$ → Anzahl Marzipanpralinen: _____
5. Lösung prüfen	→ Anzahl Trüffelpralinen: _____ → Anzahl Nusspralinen: _____ Probe:
6. Antwortsatz formulieren	Es müssen ____ Marzipanpralinen, ____ Trüffelpralinen und ____ Nusspralinen hergestellt werden.

3 In der Adventszeit soll Elias 100 kg Spekulatius in Beutel abpacken. In der Konditorei werden 250-g-Beutel und 500-g-Beutel verkauft. Elias soll doppelt so viele Beutel mit 500 g Spekulatius wie mit 250 g Spekulatius füllen.
Wie viele 250-g-Beutel und wie viele 500-g-Beutel soll Elias füllen? Nutze das Schema von Aufgabe 2.

4 Elias hat 2000 g Teigmasse für Törtchen hergestellt.
Er soll daraus kleine 25g- und große 40g-Törtchen backen.
Sein Chef sagt: „Drei Viertel der Kunden nimmt die kleinen, ein Viertel die großen Törtchen."
Wie viele kleine bzw. große Törtchen sollte Elias anfertigen?

Mathematik im Beruf

Anlagenmechaniker/in Sanitär-, Heizungs-, Klimatechnik

Eryk hat die Ausbildungsdauer von 3,5 Jahren fast geschafft. Er erzählt: „Der Beruf ist sehr vielseitig. Noch vor ein paar Jahren hätte ich zwei Ausbildungen machen müssen. In meinem Beruf ist man für alles rund um Heizungen, Lüftungsanlagen und Wasser zuständig. Ich habe u. a. gelernt wie man bohrt, schraubt, schweißt und wie man Störungen in der Regel- und Steuerungstechnik behebt. Bei der Vorstellung waren gute Noten in Mathematik und den Naturwissenschaften wichtig, da es darum geht Rohre passend zuzusägen, Heizleistungen zu berechnen oder Wassermengen, die durch die Rohre schießen."

Tätigkeit:
Anlagenmechaniker sorgen u. a. dafür, dass Wasser über Rohre transportiert und erhitzt wird.

Ausbildung:
Anlagenmechaniker/in ist ein dreieinhalbjähriger Ausbildungsberuf im Handwerk oder in der Industrie. Im Ausbildungsbetrieb lernen die Auszubildenden, …
- wie man den Rohrverlauf sinnvoll plant und Rohre verschiedenster Materialien ablängt, biegt und verbindet, um Rohre zu verlegen,
- wie man die Grundlagen in einem Rohbau für spätere Badewannen, Duschen oder Heizkörper legt,
- wie man einen Durchlauferhitzer, der mit Gas funktioniert, oder eine moderne Heizungsanlage, die mit Holzpellets funktioniert, installiert,
- wie man Waschbecken, Toiletten und Badewannen montiert,
- wie man Baugruppen und Komponenten installiert.

In der Berufsschule erwirbt man weitere Kenntnisse in berufsspezifischen Lernfeldern (z. B. Integrieren ressourcenschonender Anlagen in Systeme der Sanitär-, Heizungs- und Klimatechnik) sowie in allgemeinbildenden Fächern wie Deutsch und Wirtschafts- und Sozialkunde.

Interessen und Fähigkeiten:
Wer eine Ausbildung zum/r Anlagenmechaniker/in anstrebt, sollte Interesse an praktisch-konkreten Tätigkeiten haben. Dazu gehören zum Beispiel das Verlegen von Rohrleitungen für Wasserversorgungs- und Heizanlagen sowie das Installieren von Heizkesseln, Heizkörpern, Wärmepumpen. Zudem sollte man jedoch auch gerne theoretisch-abstrakten Tätigkeiten ausführen wie z. B. Planen von optimalen Rohrverläufen und Berechnen des Materialbedarfs.

Voraussetzungen:
Rechtlich ist keine bestimmte Vorbildung festgeschrieben. Die Handwerksbetriebe stellen überwiegend Ausbildungsanfänger/innen mit Hauptschulabschluss und die Industrie mit einem mittlerem Bildungsabschluss ein.

Anlagenmechaniker/in Sanitär-, Heizungs-, Klimatechnik

1 Die Preise für Reparaturen berechnen sich in Eryks Ausbildungsbetrieb durch eine Anfahrtspauschale von 35 € (brutto) und einen Stundenlohn von 40 € (brutto).

a) Übertrage die Wertetabelle ins Heft und fülle sie dort aus.

Zeit in h	1	2	3	…
Kosten in €				

b) Zeichne den Graphen der Funktion
Zeit (in h) → Kosten (in €).
Es soll gelten: 1 h ≙ 2 cm, 10 € ≙ 1 cm

c) Gib die Funktionsgleichung an.

d) Für einen Reparaturauftrag werden 3,5 Stunden eingeplant. Wie hoch sind die voraussichtlichen Kosten?

2 Aus der Grafik kannst du zwei Angebote verschiedener Zulieferfirmen für Kupferrohre (Stückpreis und Lieferpauschale) entnehmen.

a) Welcher Graph rechts gehört zu welcher Funktionsgleichung?
$f(x) = 7,80 x$
$g(x) = 4,50 x + 39,60$
Erkläre, wofür die Zahlen 7,80; 4,50 und 39,60 dabei stehen.

b) Eryk soll 14 Kupferrohre bestellen. Für welches Angebot sollte er sich entscheiden? Begründe.

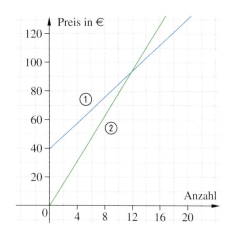

3 Der Einkaufspreis von Wasserhähnen kann mit der Gleichung $f(x) = 11,10 x + 20,25$ berechnet werden. Wie viele Wasserhähne können für 100 € bestellt werden?

4 Im Schaubild ist dargestellt, wie sich verschieden lange Rohre ausdehnen. Wenn z. B. die Temperatur von 10 °C auf 40 °C steigt, also um 30 °C, dann kann man die Ausdehnung auf dem dritten Strahl von unten ablesen: Ein 10 m langes Rohr dehnt sich zum Beispiel um etwa 3,5 mm aus.

a) Ermittle die Dehnung eines Stahlrohres von 10 m Länge bei einer Temperaturänderung von 50 °C.

b) Die Temperatur steigt von 20 °C auf 60 °C. Mit welcher Dehnung ist bei einem 12 m langen Stahlrohr zu rechnen?

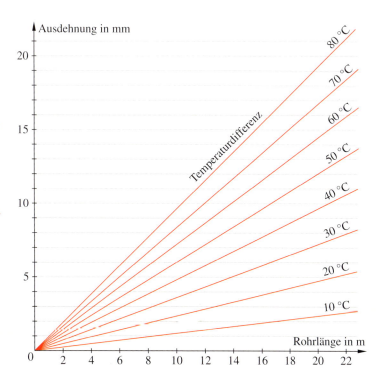

141

Mathematik im Beruf

Formelsammlung

Maß-einheiten

Länge

1 km = 1000 m
1 m = 10 dm
1 dm = 10 cm
1 cm = 10 mm

Fläche

$1\,m^2 = 100\,dm^2$
$1\,dm^2 = 100\,cm^2$
$1\,cm^2 = 100\,mm^2$
$1\,ha = 100\,a = 10\,000\,m^2$
$1\,a = 100\,m^2$

Zeit

1 d = 24 h
1 h = 60 min
1 min = 60 s

Volumen

$1\,m^3 = 1000\,dm^3$
$1\,dm^3 = 1000\,cm^3$
$1\,cm^3 = 1000\,mm^3$

Liter (ℓ)
$1\,\ell = 100\,ml = 1\,dm^3$
$1\,ml = 1\,cm^3$

Masse

1 t = 1000 kg
1 kg = 1000 g
1 g = 1000 mg

Flächen und Körper

Dreieck

$A = \frac{c \cdot h_c}{2}$
$u = a + b + c$

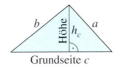

Satz des Pythagoras

Im rechtwinkligen Dreieck gilt:
$a^2 + b^2 = c^2$

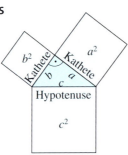

Kreis

$d = 2 \cdot r$
$A = \pi \cdot r^2 = \frac{\pi \cdot d^2}{4}$
$u = 2 \cdot \pi \cdot r = \pi \cdot d$

Zylinder

$V = A_G \cdot h = \pi \cdot r^2 \cdot h$
$A_M = u \cdot h = 2 \cdot \pi \cdot r \cdot h$
$A_O = 2 \cdot A_G + A_M$
$ = 2 \cdot r^2 \cdot \pi + 2 \cdot \pi \cdot r \cdot h$

Prozent- und Zinsrechnung

Prozentrechnung

G: Grundwert
W: Prozentwert $W = G \cdot p\% = \frac{G \cdot p}{100}$
$p\%$: Prozentsatz

Zinsrechnung

K: Kapital
Z: Zinsen $Z = K \cdot p\% = \frac{K \cdot p}{100}$
$p\%$: Zinssatz
Zeit $t = \frac{d}{360}$ für d Tage $Z = K \cdot p\% \cdot t$

142

Anhang

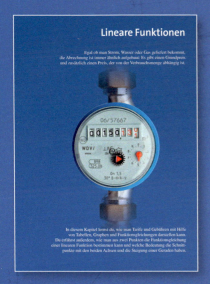

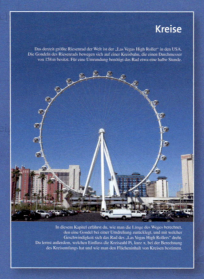
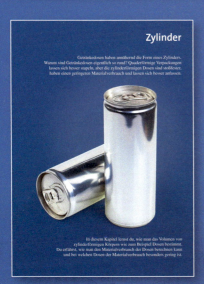
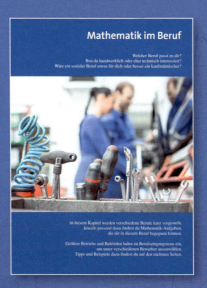

Lösungen zu *Alles klar?* mit passenden Trainingsaufgaben

Lösungen zu den Trainingsaufgaben

Lösungen zu „Auf dem Weg in die Berufswelt"

Lösungen zu „Mathematik im Beruf"

Stichwortverzeichnis

Bildverzeichnis

Lineare Funktionen

1 Proportionale Zuordnungen

a) Falsch, das allein reicht noch nicht aus. Es muss auch eine Verdreifachung des y-Werts zu einer Verdreifachung des y-Werts führen usw.

b) Falsch, der Graph einer proportionalen Zuordnung ist eine Halbgerade, die in $(0|0)$ beginnt (und eine positive Steigung hat).

c) Richtig, siehe b) oder: Die Funktionsgleichung für eine proportionale Zuordnung ist $y = mx$.

d) Falsch, denn als Baby und Kind nimmt man durch das Wachstum mehr zu als in späteren Jahren (da sollte das Gewicht eher gleich bleiben).

▶ Lies bei Schwierigkeiten auf Seite 8 nach.
  Berechne im Training die Aufgaben 1 bis 3.

2 Lineare Funktionen erkennen und darstellen

a) Richtig, denn die Gleichung entspricht der Form $y = mx + n$.

b) Falsch, der Faktor vor x gibt die Steigung an, der Summand (ohne x) gibt die Stelle an, an der der Graph die y-Achse schneidet.

c) Falsch, die Steigung beträgt 0,1 und ist somit positiv, die Gerade steigt.

d) Richtig, denn der y-Achsenabschnitt ist $n = 0$, der Graph schneidet die y-Achse also in $(0|0)$.

e) Richtig, wenn x für die Zeit in h und y für die Höhe in m (ab Erdboden) steht.
  Zu Beginn der Beobachtung ($x = 0$) startet die Schnecke auf der Höhe von $y = 0,7 \cdot 0 + 1 = 1$, pro Stunde kriecht sie 0,7 m = 70 cm höher.

▶ Lies bei Schwierigkeiten auf Seite 12 nach.
  Berechne im Training Aufgaben 4 bis 7.

3 Graphen mit einem Steigungsdreieck zeichnen

a) Falsch, denn man muss als erstes den Punkt $P(0|-3)$ auf der y-Achse markieren.
  (Der Rest der Beschreibung stimmt.)

b) Falsch, die zum Schaubild passende Gleichung lautet $y = \frac{1}{2}x + 2$.

c) Richtig, denn bei der ersten Gerade geht man im Steigungsdreieck 2 Einheiten nach rechts und 3 nach oben, während die zweite Gerade um 3 Einheiten ansteigt, wenn man doppelt so weit nach rechts geht, nämlich 4 Einheiten.

▶ Lies bei Schwierigkeiten auf Seite 18 nach.
  Berechne im Training die Aufgaben 8 bis 11.

Training

Aufgabe 1: Ergänze die Wertetabelle im Heft so, dass die Zuordnung proportional ist.

x	1	2	3		8	
y		1,5	3,0			7,5

Aufgabe 2: Berechne die Preise.
a) 20 Eier kosten 2,80 €.
   Wie viel kosten 12 Eier?
b) 250 Taschenrechner kosten 2722,50 €.
   Wie viel Taschenrechner bekommt man für 2874,96 €?

Aufgabe 3: Welcher Funktionsgraph gehört zu einer proportionalen Zuordnung, welcher zu einer linearen Zuordnung?

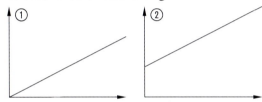

Aufgabe 4: Lege eine Wertetabelle mit x-Werten zwischen −3 und 3 an. Zeichne dann den Graphen der Funktion.
a) $y = 2x + 4$ b) $y = x + 1,5$
c) $y = -3x$ d) $y = \frac{3}{2}x - 1$
e) $y = -\frac{2}{5}x - 2$ f) $y = 2,5 - x$

Aufgabe 5: Gegeben ist die Funktion $f(x) = 18 - 2x$.
a) Überprüfe, ob die Punkte $P(6|6)$, $Q(-4|25)$ und $R(4,5|9)$ auf dem Graphen der Funktion liegen.
b) Die Punkte $A(-2|\ )$, $B(\ |4)$, $C(\ |12)$ und $D(3,5|\ )$ liegen auf dem Graphen. Ergänze ihre Koordinaten.

Aufgabe 6: Die Grundgebühr für eine Taxifahrt kostet 2,50 €. Dazu kommen 1,40 € pro Kilometer.
a) Erstelle eine Wertetabelle für Fahrten von 5 km; 10 km; 15 km; … 30 km.
b) Zeichne den Graphen.
c) Gib eine passende Funktionsgleichung an.
d) Wie teuer ist eine 18 km lange Fahrt?

Aufgabe 7: Gib die Funktionsgleichungen an.

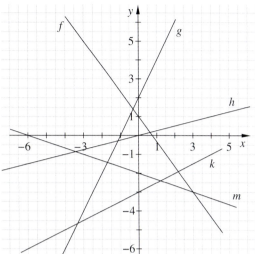

Aufgabe 8: Zeichne den Graph der Funktion.
a) $f(x) = 2x + 1$ b) $g(x) = -3x + 2$
c) $h(x) = -\frac{1}{2}x - 2$ d) $i(x) = \frac{3}{4}x + 3$
e) $j(x) = \frac{5}{3}x$

Aufgabe 9: Zeichne eine Gerade durch die angegebenen Punkte und gib ihre Funktionsgleichung an.
a) $A(2|2)$; $B(4|3)$
b) $A(-2|6)$; $B(-1|3)$
c) $A(2|0)$; $B(6|3)$
d) $A(1|3)$; $B(4|2)$
e) $A(-3|-2)$; $B(-1|-1)$
f) $A(3|1)$; $B(-1|5)$

Aufgabe 10: Eine Bohnenpflanze wächst täglich um etwa 0,4 cm. Zu Beginn der Beobachtung ist sie 25 cm hoch.
a) Gib eine passende Funktionsgleichung an. Dabei soll x für die Zeit (in Tagen) und y für die Höhe (in cm) stehen.
b) Wie hoch ist die Pflanze nach 12 Tagen?
c) Wie lange dauert es, bis die Pflanze ihre Höhe verdoppelt hat?

Aufgabe 11: Zeichne die Geraden zu $f(x) = -2x + 5$ und $g(x) = \frac{2}{3}x + 1$ in ein gemeinsames Koordinatensystem und gib die Koordinaten ihres Schnittpunkts an.

Zu Seite 49: Alles klar?

Satz des Pythagoras

1 Dreiecke

a) Richtig, das Dreieck ist gleichschenklig und stumpfwinklig, wenn jeder der Basiswinkel kleiner als 45° ist (z. B. $\alpha = 40°$; $\beta = 40°$; $\gamma = 100°$).

b) Falsch, im gleichseitigen Dreieck sind alle drei Winkel je 60° groß.

c) Falsch, diese Planfigur steht für eine Konstruktion nach SSW.

d) Richtig, die drei Winkel sind dann $\alpha = 37°$; $\beta = 90°$; $\gamma = 53°$ (oder: Für die drei Seitenlängen gilt der Satz des Pythagoras: $4,5^2 + 6^2 = 20,25 + 36 = 56,25 = 7,5^2$).

e) Richtig, denn die Dreiecksungleichung gilt für diese drei Seitenlängen nicht.

f) Richtig, denn $67° + 89° + 24° = 180°$ (Innenwinkelsumme).

g) Falsch, es entsteht nur ein Dreieck, denn der gegebene Winkel liegt der längeren der beiden gegebenen Seiten gegenüber.

▶ Lies bei Schwierigkeiten auf Seite 32 nach.
Berechne im Training die Aufgaben 1 und 2.

2 Quadratzahlen und Quadratwurzeln

a) Falsch, man muss die Zahl mit sich selbst multiplizieren.

b) Richtig, denn $4^2 = 4 \cdot 4 = 16$.

c) Die erste Aussage stimmt, die zweite nicht, denn $0,4^2 = 0,4 \cdot 0,4 = 0,16$.

d) Falsch, denn es wurde Punkt- vor Strichrechnung nicht beachtet. Richtig ist
$2 - 3 \cdot 4^2 = 2 - 3 \cdot 16 = 2 - 48 = -46$.

e) Richtig, denn $14 \cdot 14 = 196$.

f) Falsch, die Wurzel ist immer positiv (oder 0), deshalb ist nur 7 die Wurzel aus 49.

g) Falsch, es können auch Dezimalzahlen Wurzeln sein, z. B. ist $\sqrt{0,04} = 0,2$.

h) Falsch, die Wurzel aus 0 ist 0, denn $0 \cdot 0 = 0$.

i) Richtig, denn $\sqrt{36} - 7 = 6 - 7 = -1$.

j) Die erste Aussage ist falsch, die zweite stimmt:
$\sqrt{16} + \sqrt{9} = 4 + 3 = 7$ und $\sqrt{16} \cdot \sqrt{9} = 4 \cdot 3 = 12$.

▶ Lies bei Schwierigkeiten auf Seite 36 nach.
Berechne im Training die Aufgaben 3 bis 8.

3 Der Satz des Pythagoras

a) Falsch, der Satz des Pythagoras gilt nur für rechtwinklige Dreiecke.

b) Falsch, die beiden Kathetenquadrate sind zusammen so groß wie das Hypotenusenquadrat.

c) Richtig, denn $8^2 + 15^2 = 64 + 225 = 289$ und $17^2 = 289$.

d) Falsch, die zweite Kathete k ist ca. 11 cm lang, denn $6^2 + k^2 = 12,5^2$,
also $k = \sqrt{156,25 - 36} = \sqrt{120,25} = 10,9658\ldots$

e) Richtig, denn $d^2 = a^2 + b^2$, also $d^2 = 7^2 + 4^2 = 65$ und $\sqrt{65} = 8,0622\ldots$

f) Falsch, denn $4^2 + 4^2 = 16 + 16 = 32$ und $\sqrt{32} = 5,65\ldots$

g) Richtig, denn es gilt der Satz des Pythagoras: $12^2 + 5^2 = 144 + 25 = 169$ und 13^2 ist 169.

▶ Lies bei Schwierigkeiten auf Seite 40 nach.
Berechne im Training die Aufgaben 4 bis 12.

Training

Aufgabe 1: Finde zu jeder Planfigur mögliche Maße und gib an, zu welchem Konstruktionstyp diese Dreiecke gehören.

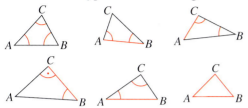

Aufgabe 2: Konstruiere das Dreieck. Beginne mit einer Planfigur. Gib an, um welche Dreiecksart es sich handelt.
a) $a = 5\,\text{cm}; \beta = 35°; \gamma = 90°$
b) $c = 4,6\,\text{cm}; \alpha = 36°; \gamma = 86°$
c) $a = 6,7\,\text{cm}; b = 5\,\text{cm}; \beta = 45°$
d) $a = 5\,\text{cm}; b = 4,5\,\text{cm}; \beta = 35°$

Aufgabe 3: Berechne im Kopf. Welche Aufgaben haben keine Lösung?
a) $9^2; -9^2; (-9)^2; -(-9)^2$
b) $\frac{2}{3^2}; \frac{2^2}{3}; \left(\frac{2}{3}\right)^2; \frac{2^2}{3^2}$
c) $0,5^2; 0,01^2; 1,7^2; 2,5^2; 0,003^2$
d) $\sqrt{25}; \sqrt{225}; -\sqrt{64}; \sqrt{625}; -\sqrt{900}$
e) $-\sqrt{36}; -\sqrt{0}; \sqrt{-196}; -\sqrt{324}; \sqrt{-400}$
f) $\sqrt{\frac{1}{49}}; \sqrt{\frac{16}{169}}; \sqrt{\frac{225}{361}}; \sqrt{\frac{4}{36}}; \sqrt{\frac{9}{144}}$

Aufgabe 4: Notiere den Satz des Pythagoras für diese Dreiecke:

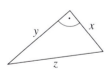

Aufgabe 5: Zeichne und beschrifte ein rechtwinkliges Dreieck so, dass gilt:
a) $u^2 + v^2 = w^2$ b) $p^2 = q^2 + r^2$

Aufgabe 6: Berechne die Länge der rot markierten Strecke im rechtwinkligen Dreieck.

Aufgabe 7: Berechne die fehlende Seitenlänge für ein Dreieck mit $\gamma = 90°$.

	Kathete a	Kathete b	Hypotenuse c
a)	8 cm	6 cm	
b)	15 cm		17 cm
c)		19 cm	21 cm
d)	7 mm	24 mm	
e)	17 m		19 m
f)		2,5 cm	36 cm
g)		12,8 cm	1,6 dm
h)	216 mm		3,6 dm

Aufgabe 8: Kannst du auf einem DIN-A4-Papier (21 cm × 29,7 cm) eine Strecke von 40 cm zeichnen?
Bis zu welcher Länge könntest du die Strecke zeichnen?

Aufgabe 9: Ergänze mit Hilfe der Zeichnung.
a) $c^2 = f^2 + \square$
b) $f^2 + \square = b^2$
c) $a^2 = d^2 + \square$
d) $e = \sqrt{\square - f^2}$

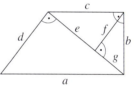

Aufgabe 10: Familie Martens möchte einen Pferdestall bauen. Wie lang müssen die Balken fürs Dach sein, wenn sie 40 cm überstehen sollen?

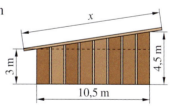

Aufgabe 11: Beim Haus vom Nikolaus muss man alle Linien genau einmal zeichnen ohne abzusetzen.
Berechne die Länge dieses Streckenzuges. Das grüne Rechteck ist 5 cm breit und 4 cm hoch. Das Dach ist 2,5 cm hoch.

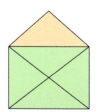

Aufgabe 12: Aus einer kreisförmigen Holzscheibe mit einem Durchmesser von 85 cm soll eine möglichst große quadratische Platte geschnitten werden.
Berechne die Seitenlänge der Platte.

147

Lösungen   Zu Seite 71: Alles klar?

Ähnlichkeit

1 Besondere Vierecke

a) Richtig, ein Quadrat hat vier gleich lange Seiten wie ein Raute und vier rechte Winkel wie ein Rechteck.

b) Falsch, er berechnet sich über die Diagonalen e und $f\left(A = \frac{e \cdot f}{2}\right)$.

c) Falsch, diese Formel passt zu Rechteck oder Parallelogramm. Ein Trapez hat nicht paarweise gleich lange Seiten. Die Formel lautet $u = a + b + c + d$.

▶ Lies bei Schwierigkeiten auf Seite 54 nach.
   Berechne im Training die Aufgaben 1 und 2.

2 Vergrößern und Verkleinern

a) Falsch, es handelt sich um eine Vergrößerung. (Die erste Zahl steht für die Bildlänge, die zweite für die Originallänge.)

b) Falsch, bei $k > 1$ liegt eine Vergrößerung vor. (Bei einer Verkleinerung ist $k < 1$.)

c) Richtig, denn bei einem Maßstab von $3 : 1$ (Bildlänge : Originallänge) hat das Bild die dreifache Länge der Originallänge.

d) Falsch, bei einer Vergrößerung muss der Streckungsfaktor $k > 1$ sein, hier ist $k = 2$.

e) Falsch, der Flächeninhalt des Bildes ist $3 \cdot 3 = 9$-mal so groß ($25\,\text{cm}^2$ gegenüber $225\,\text{cm}^2$).

f) Richtig, denn die Originallänge beträgt $6{,}8\,\text{cm} \cdot 25 = 170\,\text{cm} = 1{,}70\,\text{m}$.

g) Richtig, denn der Maßstab berechnet sich aus $15\,\text{cm} : 2{,}5\,\text{cm} = 6$ und es wurde vergrößert.

▶ Lies bei Schwierigkeiten auf Seite 58 nach.
   Berechne im Training die Aufgaben 3 bis 5.

3 Zentrische Streckung

a) Richtig, das erkennt man an einer Zeichnung oder Skizze.

b) Falsch, der Streckungsfaktor beträgt $k = 3$. (z. B. Strecke $\overline{BC}$ ist im Original 1 Kästchenlänge lang, im Bild 3 Kästchenlängen.)

▶ Lies bei Schwierigkeiten auf Seite 61 nach.
   Berechne im Training die Aufgabe 9.

4 Ähnlichkeit im geometrischen Sinn

a) Richtig, denn es ist keine Verzerrung zu erkennen, das heißt, die Längen wurden im gleichen Verhältnis vergrößert bzw. verkleinert.

b) Falsch, Rauten sind sich nicht immer geometrisch ähnlich. (Sie können trotz gleichem Verhältnis der Seitenlängen verschiedene Winkelgrößen haben.)

c) Richtig, denn ähnliche Dreiecke entstehen bei einer maßstäblichen Vergrößerung oder Verkleinerung, dabei ändern sich nur die Seitenlängen, aber nicht die Größen der Winkel.

d) Falsch, denn Farbe und Lage haben keinen Einfluss auf die Ähnlichkeit von Figuren.

▶ Lies bei Schwierigkeiten auf Seite 64 nach.
   Berechne im Training Aufgabe 10 bis 12.

148

Training

Aufgabe 1: Zeichne eine Raute mit $e = 7\,\text{cm}$ und $f = 4\,\text{cm}$.
a) Berechne ihren Flächeninhalt.
b) Entnimm die Seitenlänge deiner Zeichnung und gib den Umfang an.
c) Zeichne ein flächengleiches Rechteck mit der Seitenlänge $a = 4\,\text{cm}$. Wie lang ist b?
d) Welche der beiden Figuren hat den längeren Umfang?

Aufgabe 2: Welcher Flächeninhalt ist größer?
Drachen mit $e = 90\,\text{cm}$ und $f = 60\,\text{cm}$
Rechteck mit $a = 45\,\text{cm}$ und $b = 60\,\text{cm}$

Aufgabe 3: Vergrößere die Figuren im Maßstab 2 : 1 (im Maßstab 3 : 1).

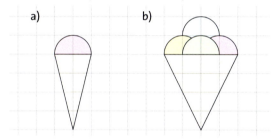

Aufgabe 4: Der längste Zug der Welt war ein australischer Güterzug mit acht Diesellokomotiven und 682 Wagen. Er war 7,353 km lang. Wie lang wäre dieser Zug als Modelleisenbahn im Maßstab 1 : 87?

Aufgabe 5: Zeichne ein Rechteck mit den Maßen $a = 6\,\text{cm}$ und $b = 9\,\text{cm}$.
a) Vergrößere es mit $k = 1{,}5$.
b) Verkleinere es mit $k = \frac{1}{3}$.
Gib jeweils den Maßstab an.

Aufgabe 6: Ein Haus hat eine rechteckige Grundfläche von $8{,}40\,\text{m} \times 11{,}60\,\text{m}$.
a) Berechne den Flächeninhalt.
b) Zeichne im Maßstab 1 : 200.

Aufgabe 7: Gegeben sind zwei Landkarten im Maßstab 1 : 20 000 und 1 : 5000. Wie groß ist bei den Karten jeweils der Streckungsfaktor k? Wie lang wäre eine 5 cm lange Strecke jeweils in der Wirklichkeit?

Aufgabe 8: Der kleinste Floh ist nur 1,5 mm lang.
a) Wie groß wäre er bei einer Vergrößerung im Maßstab 50 : 1?
b) Mit welchem Maßstab wurde er vergrößert, wenn er im Bild eine Länge von 9 cm hat?
c) Passt er bei einer Vergrößerung mit $k = 250$ noch in dein Heft?

Aufgabe 9: Zeichne jeweils ein beliebiges Dreieck auf ein weißes Blatt Papier.
a) Lege das Streckungszentrum in das Dreieck und verkleinere es mit $k = \frac{1}{2}$.
b) Lege das Streckungszentrum auf eine Ecke und vergrößere es mit $k = 2$.
c) Lege das Streckungszentrum neben das Dreieck und vergrößere es mit $k = 3$.

Aufgabe 10: Zeichne ein Trapez in ein Koordinatensystem. Die Eckpunkte liegen auf $A(1|1)$, $B(6|1)$, $C(4|4)$, $D(2|4)$.
a) Der erste Eckpunkt des mit $k = 2$ vergrößerten Trapezes liegt bei $A'(6|2)$. Wo liegen die anderen Eckpunkte?
b) Bei einer Vergrößerung mit $k = 3$ liegen die Eckpunkte $A''(6|2)$, $B''(21|2)$, $C''(16|11)$ oder $D''(9|11)$. Welcher Punkt ist nicht korrekt angegeben?

Aufgabe 11: Zeichne zu einem Dreieck mit den Maßen $\alpha = 35°$; $\beta = 30°$ und $c = 7\,\text{cm}$ zwei ähnliche Dreiecke. Gib jeweils den Streckungsfaktor k und den Maßstab an.

Aufgabe 12: Beschreibe „Ähnlichkeit im geometrischen Sinn" mit deinen Worten:
a) Was ist für diese Ähnlichkeit bedeutsam und was ist unerheblich?
b) Was bezeichnen wir in unserem Alltag als ähnlich? Nenne Beispiele.

Kreise

1 Umfang und Flächeninhalt

a) Falsch, es hat den Umfang $u = 4 \cdot 5\,\text{cm} = 20\,\text{cm}$ und den Flächeninhalt $A = (5\,\text{cm})^2 = 25\,\text{cm}^2$.

b) Falsch, denn das Rechteck mit den Seitenlängen $a = 5\,\text{cm}$ und $b = 4\,\text{cm}$ beispielsweise hat einen Flächeninhalt von $20\,\text{cm}^2$, aber einen Umfang von $u = 2 \cdot (5\,\text{cm} + 4\,\text{cm}) = 18\,\text{cm}$.

c) Falsch, die Raute hat einen Flächeninhalt von $A = \frac{1}{2} \cdot 3\,\text{cm} \cdot 4\,\text{cm} = 6\,\text{cm}^2$.

d) Richtig, bei einer Raute sind alle Seiten gleich lang. Es gilt also $u = 4 \cdot 6\,\text{cm} = 24\,\text{cm}$.

e) Falsch, man benötigt die Längen der Diagonalen e und f. Es gilt $A = \frac{1}{2} \cdot e \cdot f$.

f) Richtig, denn beim Parallelogramm sind (wie beim Rechteck) die gegenüberliegenden Seiten gleich lang.

g) Richtig, denn es gilt: $A = \frac{(5\,\text{cm} + 7\,\text{cm}) \cdot 3\,\text{cm}}{2} = \frac{36\,\text{cm}^2}{2} = 18\,\text{cm}^2$.

▶ Lies bei Schwierigkeiten auf Seite 76 nach.
Bearbeite im Training Aufgaben 1 und 2.

2 Kreisumfang

a) Falsch, denn für den Umfang eines Kreises gilt: $u = \pi \cdot d$ oder $u = 2 \cdot \pi \cdot r$.

b) Richtig, denn der Umfang berechnet sich aus $u = \pi \cdot 2\,\text{cm} \approx 6{,}3\,\text{cm}$.

c) Richtig, denn die Zuordnung *Kreisradius* → *Kreisumfang* ist proportional.
Oder: $u_{\text{alt}} = 2 \cdot \pi \cdot r$ und $u_{\text{neu}} = 2 \cdot \pi \cdot (2r) = 2 \cdot u_{\text{alt}}$

d) Falsch, denn $u = \pi \cdot d$ und hier gilt also $44\,\text{cm} = \pi \cdot d$ und $d \approx 14\,\text{cm}$ ($r \approx 7\,\text{cm}$).

▶ Lies bei Schwierigkeiten auf Seite 80 nach.
Bearbeite im Training die Aufgaben 3, 4, 8 und 10.

3 Flächeninhalt des Kreises

a) Falsch, denn für den Flächeninhalt eines Kreises gilt: $A = \pi \cdot r^2$.

b) Falsch, denn der Flächeninhalt berechnet sich aus $A = \pi \cdot (1\,\text{cm})^2 \approx 3{,}14\,\text{cm}^2$.
(Es wurde fälschlicherweise mit dem Durchmesser gerechnet statt mit dem Radius.)

c) Falsch, denn die Zuordnung *Kreisradius* → *Flächeninhalt des Kreises* ist nicht proportional.
Oder: $A_{\text{alt}} = \pi \cdot r^2$ und $A_{\text{neu}} = \pi \cdot (2r)^2 = 4 \cdot \pi \cdot r^2 = 4 \cdot A_{\text{alt}}$

d) Richtig, denn $A_{\text{Halbkreis}} = \frac{1}{2}\pi \cdot r^2$ und $A_{\text{Viertelkreis}} = \frac{1}{4}\pi \cdot r^2 = \frac{1}{2} \cdot \frac{1}{2} \cdot \pi \cdot r^2 = \frac{1}{2} \cdot A_{\text{Halbkreis}}$

e) Falsch, denn der Flächeninhalt des Kreisrings berechnet sich aus
$A = \pi \cdot ((4\,\text{cm})^2 - (3\,\text{cm})^2) = \pi \cdot (16\,\text{cm}^2 - 9\,\text{cm}^2) = \pi \cdot 7\,\text{cm}^2 \approx 21{,}99\,\text{cm}^2$.

▶ Lies bei Schwierigkeiten auf Seite 84 nach.
Bearbeite im Training die Aufgaben 5 bis 13.

Training

Aufgabe 1: Berechne den Flächeninhalt.
a) Quadrat mit Seitenlänge $a = 9$ dm
b) Rechteck mit $a = 7$ cm und $b = 5$ cm
c) Raute mit den Diagonalen $e = 8$ m und $f = 11$ m
d) Parallelogramm mit der Grundseite $a = 20$ mm und der Höhe $h_a = 9$ mm
e) Drachen mit den Diagonalen $e = 8$ cm und $f = 15$ cm
f) Trapez mit den parallelen Seiten $a = 12$ m und $c = 8$ m und der Höhe $h = 5$ m

Aufgabe 2: Berechne den Flächeninhalt und den Umfang der Vierecke (Maße in cm).

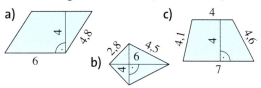

Aufgabe 3: Berechne den Kreisumfang.
a) $d = 8$ cm   b) $d = 13$ mm
c) $d = 3{,}9$ dm   d) $r = 1$ mm
e) $r = 5{,}2$ m   f) $r = 6{,}7$ dm

Aufgabe 4: Berechne den Durchmesser und den Radius des Kreises.
a) $u = 12$ cm   b) $u = 1$ m   c) $u = 1{,}2$ dm
d) $u = 0{,}3$ km   e) $u = 0{,}015$ km

Aufgabe 5: Bestimme den Flächeninhalt des Kreises.
a) $r = 4{,}7$ mm   b) $r = 2{,}5$ m
c) $d = 4$ cm   d) $d = 6{,}1$ km

Aufgabe 6: Welchen Radius hat der Kreis?
a) $A = 7{,}34$ m²   b) $A = 82$ cm²
c) $A = 7$ a   d) $A = 155$ m²

Aufgabe 7: Fülle die Tabelle für einen Kreis.

	r	d	u	A
a)	8 cm			
b)		17 mm		
c)			2,3 dm	
d)				5 km²
e)				2 ha

Aufgabe 8: Ein Urlauber auf der Insel Farokolhu Fushi (Malediven) läuft in ungefähr 15 Minuten um die Insel herum. Die Länge des fast kreisförmigen Wegs beträgt 1,57 km. Welcher Flächeninhalt kann für die Insel ungefähr angegeben werden?

Aufgabe 9: Ergänze die Tabelle für Kreisringe im Heft.

	r_a	r_i	A
a)	9 cm	6 cm	
b)	14 m	5 m	
c)	8 m	3,5 m	
d)	5 cm	40 mm	
e)	5 km	1 km	
f)	10 m	7 m	

Aufgabe 10: Familie Sagorski möchte einen neuen runden Tisch anschaffen, an dem sechs Personen Platz haben sollen. Welchen Durchmesser muss der Tisch haben, wenn man pro Person beim Essen 70 cm Platzbedarf an der Tischkante rechnet?

Aufgabe 11: Eine Pizzeria verkauft Pizzen in zwei verschiedenen Größen:
Mini: 20 cm Durchmesser zu 4 €
Maxi: 30 cm Durchmesser zu 8 €
a) Berechne jeweils den Flächeninhalt.
b) Bei welcher Pizza erhält man verhältnismäßig mehr für den Preis?

Aufgabe 12: Berechne den Flächeninhalt der gelben Flächen.

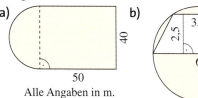

Alle Angaben in m.

Aufgabe 13: Die Diagonalen einer Raute sind 5 cm und 7 cm lang.
a) Bestimme den Flächeninhalt der Raute.
b) Welchen Radius hat ein Kreis mit gleicher Fläche?

Zylinder

1 Volumen und Oberflächen

a) Falsch, denn $V = (5\,\text{cm})^3 = 125\,\text{cm}^3$.

b) Richtig, denn $A_O = 6 \cdot (10\,\text{cm})^2 = 600\,\text{cm}^2$.

c) Falsch, denn $V = 3\,\text{cm} \cdot 4\,\text{cm} \cdot 10\,\text{cm} = 120\,\text{cm}^3$.

d) Falsch, denn $A_O = 2 \cdot (3\,\text{cm} \cdot 2\,\text{cm} + 3\,\text{cm} \cdot 4\,\text{cm} + 2\,\text{cm} \cdot 4\,\text{cm})$
$$= 2 \cdot (6\,\text{cm}^2 + 12\,\text{cm}^2 + 8\,\text{cm}^2) = 52\,\text{cm}^2.$$

e) Falsch, denn das Volumen verachtfacht sich.

▶ Lies bei Schwierigkeiten auf Seite 98 nach.
   Berechne im Training die Aufgaben 1 bis 3.

2 Netze und Oberflächen von Zylindern

a) Falsch, denn Zylinder sind Körper mit einem Kreis als Grund- und Deckfläche.
   Die Mantelfläche ist ein Rechteck.

b) Falsch, denn die Länge der Mantelfläche entspricht dem Umfang des Kreises,
   der die Grund- bzw. die Deckfläche bildet.

c) Richtig, denn die Mantelfläche ist ein Rechteck mit den Kantenlängen h und u_G.
   Weil die Grundfläche ein Kreis ist, gilt $u_G = 2 \cdot r \cdot \pi$.

d) Falsch, denn $A_O = 2 \cdot \pi \cdot 3\,\text{cm} \cdot (5\,\text{cm} + 3\,\text{cm}) \approx 150{,}8\,\text{cm}^2$.

e) Richtig, denn die Länge der Mantelfläche entspricht dem Umfang der Kreise.

f) Richtig, denn die Zuordnung *Höhe h → Flächeninhalt der Mantelfläche A_M* ist proportional.
   Man kann sich auch vorstellen, es würden zwei gleich große Zylinder übereinander gestellt.
   Das Volumen des gesamten Zylinders wäre dann gleich dem Doppelten des Volumens
   von einem der beiden Zylinder.

▶ Lies bei Schwierigkeiten auf Seite 102 nach.
   Berechne im Training Aufgabe 4 bis 7.

3 Schrägbilder und Volumen von Zylindern

a) Falsch, denn die (nach hinten verlaufende) Höhe ist in dieser Abbildung nur halbiert
   dargestellt. Der Zylinder ist also 4 cm hoch.

b) Falsch, denn $\pi \cdot (5\,\text{cm})^2 \cdot 3\,\text{cm} \approx 235{,}6\,\text{cm}^3$. (Es wurden r und h vertauscht.)

c) Richtig, denn eine Verdopplung des Radius führt zu einer Vervierfachung des Inhalts
   der Grundfläche und somit auch zu einer Vervierfachung des Volumens, wenn die Höhe
   unverändert bleibt.

d) Falsch, denn es gilt z. B. folgendes Gegenbeispiel: Die Zylinder mit $h = 10\,\text{cm}$ und $r = 4\,\text{cm}$
   beziehungsweise $h = 40\,\text{cm}$ und $r = 2\,\text{cm}$ haben das gleiche Volumen von ca. 502,65 cm³.
   Der erste Zylinder hat aber einen Oberflächeninhalt von 351,86 cm², der zweite von
   527,79 cm².

e) Falsch, denn es gilt $m = V \cdot \varrho$. (Die Masse eines Zylinders berechnet sich aus dem Produkt
   seiner Dichte und seines Volumens.)

f) Richtig, denn $m = \pi \cdot r^2 \cdot h \cdot \varrho = \pi \cdot 2^2 \cdot 10 \cdot 7{,}9 = 992{,}7$. Der Zylinder wiegt also
   etwa 992,7 g, das ist ungefähr 1 kg.

▶ Lies bei Schwierigkeiten auf Seite 106 nach.
   Berechne im Training die Aufgaben 6 bis 15.

Training

Aufgabe 1: Berechne Volumen und Oberflächeninhalt des Würfels.
a) $a = 7\,cm$ b) $a = 20\,dm$ c) $a = 1{,}5\,m$

Aufgabe 2: Berechne Volumen und Oberflächeninhalt eines Quaders mit …
a) $a = 4\,cm;\ b = 8\,cm;\ c = 10\,cm$
b) $a = 7\,mm;\ b = 12\,mm;\ c = 3\,mm$
c) $a = 6\,m;\ b = 2\,m;\ c = 25\,m$

Aufgabe 3: Ein Aquarium hat ein Fassungsvermögen von 240 ℓ. Es ist 80 cm lang und 60 cm breit. Berechne seine Höhe.

Aufgabe 4: Zeichne das Netz des Zylinders.
a) $r = 2{,}5\,cm$ und $h = 5\,cm$
b) $d = 4\,cm$ und $h = 3\,cm$

Aufgabe 5: Eine zylinderförmige Konservendose hat einen Radius von 5 cm und ist 12 cm hoch. Wie groß ist der Flächeninhalt des Etiketts?

Aufgabe 6: Berechne den Oberflächeninhalt und das Volumen des Zylinders.
a) $r = 5\,cm$ und $h = 7\,cm$
b) $r = 2{,}5\,m$ und $h = 3{,}8\,m$
c) $d = 15\,cm$ und $h = 7\,dm$
d) $d = 12\,cm$ und $h = 3\,m$

Aufgabe 7: Von den fünf Größen r, h, A_M, A_O und V eines Zylinders sind zwei gegeben. Berechne die fehlenden Größen.
a) $A_M = 150{,}8\,cm^2;\ r = 8\,cm$
b) $A_O = 138{,}23\,dm^2;\ r = 2\,dm$
c) $V = 21{,}77\,m^3;\ h = 4{,}1\,m$
d) $V = 76\,080{,}58\,mm^3;\ r = 37{,}2\,mm$

Aufgabe 8: ➡ In welchem Fall ist die Maßzahl des Mantelflächeninhalts eines Zylinders gleich der Maßzahl des Volumens (d. h. die Ergebnisse sind bis auf die Einheit gleich).

Aufgabe 9: Zeichne das Schrägbild eines Zylinders mit …
a) $r = 3\,cm$ und $h = 4\,cm$.
b) $d = 5\,cm$ und $h = 3\,cm$.

Aufgabe 10: Ein Zylinder hat einen Radius von 6 cm und ein Volumen von 1470,3 cm³. Berechne die Höhe des Zylinders.

Aufgabe 11: Eine Wachskerze ist 10 cm hoch und hat einen Durchmesser von 4 cm.
a) Berechne das Volumen der Kerze.
b) Fünf dieser Kerzen werden eingeschmolzen und das Wachs zu einer neuen Kerze mit einem Durchmesser von 8 cm verarbeitet. Wie hoch wird die neue Kerze?

Aufgabe 12: Nenne mindestens drei unterschiedliche Abmessungen (Radius und Höhe) für ein zylinderförmiges Glas, das einen Liter Flüssigkeit beinhalten soll.

Aufgabe 13: Eine zylinderförmige Getränkedose hat einen Radius von 3 cm und ist 8 cm hoch.
a) Zeichne das Netz der Dose.
b) Für die Herstellung der Dose wird Weißblech verwendet. Wie viel Weißblech wird benötigt, wenn man mit 23 % Verschnitt rechnen muss?
c) Der Inhalt der Dose soll 0,2 ℓ betragen. Berechne den prozentualen Anteil der Dose, der nicht gefüllt wird.
d) Der Dose wird ein Strohhalm beigefügt. Wie lang sollte er mindestens sein?

Aufgabe 14: Eine runde Tischplatte hat einen Durchmesser von 1,5 m und ist 3 cm dick.
a) Berechne das Volumen der Tischplatte.
b) Die Tischplatte besteht aus Fichtenholz, das 500 g pro dm³ wiegt. Wie schwer ist die Platte?

Aufgabe 15: Am Waldrand wird Rundholz mit einer Länge von 8 Metern gelagert. Die Stämme haben einen Durchmesser von durchschnittlich 60 cm.
a) Bestimme die Masse eines Stamms, wenn das Holz $0{,}7\,\frac{g}{cm^3}$ wiegt.
b) Ein Holztransporter darf 12 t Holz laden. Wie viele dieser Stämme darf er maximal aufladen?

Lösungen zum Training

▶ **Seite 145   Lineare Funktionen**

1

x	1	2	3	**4**	8	**10**
y	**0,75**	1,5	**2,25**	3,0	**6,0**	7,5

2 a) 1,68 €   b) 264 Taschenrechner

3 ① linear; proportional   ② nur linear

4 Zeichenübung im Koordinatensystem
a)

x	−3	−2	−1	0	1	2	3
y	−2	0	2	4	6	8	10

Gerade durch (0|4) und (2|8)

b)

x	−3	−2	−1	0	1	2	3
y	−1,5	−0,5	0,5	1,5	2,5	3,5	4,5

Gerade durch (0|1,5) und (2|3,5)

c)

x	−3	−2	−1	0	1	2	3
y	9	6	3	0	−3	−6	−9

Gerade durch (0|0) und (2|−6)

d)

x	−3	−2	−1	0	1	2	3
y	−5,5	−4	−2,5	−1	0,5	2	3,5

Gerade durch (0|−1) und (2|2)

e)

x	−3	−2	−1	0	1	2	3
y	−0,8	−1,2	−1,6	−2	−2,4	−2,8	−3,2

Gerade durch (0|−2) und (5|−4)

f)

x	−3	−2	−1	0	1	2	3
y	5,5	4,5	3,5	2,5	1,5	0,5	−0,5

Gerade durch (0|2,5) und (2|0,5)

5 a) ja, nein, ja
b) $A(-2|\mathbf{22})$; $B(\mathbf{7}|4)$; $C(\mathbf{3}|12)$; $D(3,5|\mathbf{11})$

6 a)

km	5	10	15	20	25	30
€	9,5	16,5	23,5	30,5	37,5	44,5

b) Zeichenübung, Gerade durch (0|2,5) und (10|16,5)
c) $y = 1,4x + 2,5$
d) 27,70 €

7 $f(x) = -\frac{4}{3}x + 1$, $g(x) = 2x + 2$,
$h(x) = \frac{1}{4}x$, $k(x) = \frac{1}{2}x - 3$,
$m(x) = -\frac{1}{3}x - 2$

8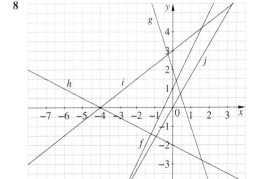

9 a) $f(x) = \frac{1}{2}x + 1$ b) $f(x) = -3x$
c) $f(x) = \frac{3}{4}x - 1,5$ d) $f(x) = -\frac{1}{3}x + 3\frac{1}{3}$
e) $f(x) = \frac{1}{2}x - 0,5$ f) $f(x) = -x + 4$

10 a) $y = 0,4x + 25$
b) $0,4 \cdot 12 + 25 = 29,8$ [cm]
c) $50 = 0,4x + 25$, also $x = 62,5$ [Tage]

11 $S(1,5|2)$

▶ **Seite 147   Satz des Pythagoras**

1 mögliche Maße individuell;
Konstruktionstypen: WWW; WSW; SWW (WSW); WSW; SWW (WSW); SSS

2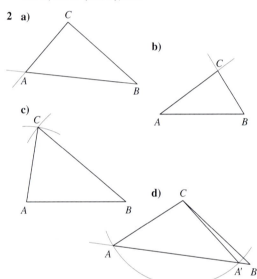

a) rechtwinklig   b) spitzwinklig
c) spitzwinklig   d) stumpfwinklig

3 a) 81; −81; 81; −81
b) $\frac{2}{9}; \frac{4}{3}; \frac{4}{9}; \frac{4}{9}$
c) 0,25; 0,0001; 2,89; 6,25; 0,000 009
d) 5; 15; −8; 25; −30
e) n.l.; 0; n.l.; −18; n.l.
f) $\frac{1}{7}; \frac{4}{13}; \frac{15}{19}; \frac{2}{6} = \frac{1}{3}; \frac{3}{12} = \frac{1}{4}$

4 a) $x^2 + y^2 = z^2$ b) $b^2 + c^2 = a^2$

5 Zeichnung rechtwinkliger Dreiecke individuell
a) Dreieck mit Katheten u, v; Hypotenuse w
b) Dreieck mit Katheten q, r; Hypotenuse p

6 a) 3,6   b) 4,9   c) 2,2

7 a) $c = 10$ cm   b) $b = 8$ cm   c) $a \approx 8,9$ cm
d) $c = 25$ mm   e) $b \approx 8,5$ m   f) $a \approx 35,9$ cm
g) $a = 9,6$ cm   h) $b = 288$ mm

8 Nein, nur eine Strecke von 36,37 cm.

9 a) $c^2 = f^2 + e^2$ b) $f^2 + g^2 = b^2$
c) $a^2 = d^2 + (e + g)^2$ d) $e = \sqrt{c^2 - f^2}$

10

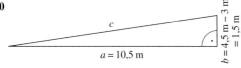

$c^2 = a^2 + b^2$
$c = 10{,}6\,\text{m}$
$x = 10{,}6\,\text{m} + 0{,}8\,\text{m} = 11{,}4\,\text{m}$

11 Für die Diagonale d im Rechteck gilt
$d^2 = 5^2 + 4^2$, also $d \approx 6{,}4\,\text{cm}$.
Für die Dachschräge s gilt
$s^2 = 2{,}5^2 + 2{,}5^2$, also $s \approx 3{,}5\,\text{cm}$.
Gesamtlänge des Streckenzugs $\approx 37{,}8\,\text{cm}$

12 $x^2 + x^2 = 85^2$
Seitenlänge
$x = 60{,}1\,\text{cm}$

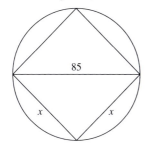

▶ **Seite 149 Ähnlichkeit**

1 Zeichenübung Raute
 a) $A = 14\,\text{cm}^2$
 b) Seitenlänge ca. 4 cm; Umfang ca. 16 cm
 c) Zeichenübung Rechteck; $b = 3{,}5\,\text{cm}$
 d) Die Raute hat den längeren Umfang.

2 $A_{\text{Drachen}} = A_{\text{Rechteck}} = 2700\,\text{cm}^2$

3 Zeichenübung, alle Längen werden verdoppelt (verdreifacht).

4 Als Modell wäre er ca. 84,52 m lang.

5 Zeichenübung Rechteck
 a) $a_{\text{neu}} = 9\,\text{cm}$; $b_{\text{neu}} = 13{,}5\,\text{cm}$; Maßstab 1,5 : 1
 b) $a_{\text{neu}} = 2\,\text{cm}$; $b_{\text{neu}} = 3\,\text{cm}$; Maßstab 1 : 3

6 a) $A = 97{,}44\,\text{m}^2$
 b) Zeichenübung; Seitenlängen 4,2 cm; 5,8 cm

7 $k = 0{,}00005$ und $k = 0{,}0002$
 1 km und 250 m

8 a) 7,5 cm   b) 60 : 1
 c) Nein, denn der Floh hätte dann eine Länge von 37,5 cm.

9 Zeichenübung; individuelle Lösungen

10 Zeichenübung
 a) $B'(16|2)$; $C'(12|8)$; $D'(8|8)$
 b) C'' ist falsch, richtig wäre $C''(15|11)$.

11 Zeichenübung; individuelle Lösungen

12 a) Wichtig ist die Form. Ohne Bedeutung sind Farbe, Lage und Größe.
 b) In der Alltagssprache versteht man unter Ähnlichkeit vor allem ähnliches Aussehen.

▶ **Seite 151 Kreise**

1 a) $A = 81\,\text{dm}^2$ b) $A = 35\,\text{cm}^2$
 c) $A = 44\,\text{m}^2$ d) $A = 180\,\text{mm}^2$
 e) $A = 60\,\text{cm}^2$ f) $A = 50\,\text{m}^2$

2 a) Parallelogramm; $A = 24\,\text{cm}^2$; $u = 21{,}6\,\text{cm}$
 b) Drachen; $A = 12\,\text{cm}^2$; $u = 14{,}6\,\text{cm}$
 c) Trapez; $A = 22\,\text{cm}^2$; $u = 19{,}7\,\text{cm}$

3 a) 25,13 cm b) 40,84 mm c) 12,25 dm
 d) 6,28 mm   e) 32,67 m   f) 42,10 dm

4 a) $d = 3{,}82\,\text{cm}$, $r = 1{,}91\,\text{cm}$
 b) $d = 0{,}318\,\text{m}$; $r = 0{,}159\,\text{m}$
 c) $d = 0{,}38\,\text{dm}$; $r = 0{,}19\,\text{dm}$
 d) $d = 0{,}095\,\text{km}$; $r = 0{,}048\,\text{km}$
 e) $u = 15\,\text{m}$, $d = 4{,}77\,\text{m}$, $r = 2{,}39\,\text{m}$

5 a) $A = 69{,}40\,\text{mm}^2$ b) $A = 19{,}63\,\text{m}^2$
 c) $A = 12{,}57\,\text{cm}^2$ d) $A = 29{,}22\,\text{km}^2$

6 a) $r = 1{,}53\,\text{m}$ b) $r = 5{,}11\,\text{cm}$
 c) $r = 14{,}93\,\text{m}$ d) $7{,}02\,\text{m}$

7 a) $d \approx 16\,\text{cm}$, $u \approx 50{,}27\,\text{cm}$, $A \approx 201{,}06\,\text{cm}^2$
 b) $r \approx 8{,}5\,\text{mm}$, $u \approx 53{,}41\,\text{mm}$, $A \approx 226{,}98\,\text{mm}^2$
 c) $r \approx 0{,}37\,\text{dm}$, $d \approx 0{,}73\,\text{dm}$, $A \approx 0{,}42\,\text{dm}^2$
 d) $r \approx 1{,}26\,\text{km}$, $d \approx 2{,}52\,\text{km}$, $u \approx 7{,}93\,\text{km}$
 e) $r \approx 79{,}79\,\text{m}$, $d \approx 159{,}58\,\text{m}$, $u \approx 501{,}33\,\text{m}$

8 $r \approx 250\,\text{m}$, $A \approx 196\,350\,\text{m}^2 = 19{,}635\,\text{ha}$

9 a) $A \approx 141{,}4\,\text{cm}^2$ b) $A \approx 537{,}2\,\text{m}^2$
 c) $A \approx 162{,}6\,\text{cm}^2$ d) $A \approx 28{,}27\,\text{cm}^2 = 2827\,\text{mm}^2$
 e) $A \approx 75{,}4\,\text{km}^2$ f) $A \approx 160{,}22\,\text{m}^2$

10 $u = 6 \cdot 70\,\text{cm} = 420\,\text{cm}$, $d = 133{,}7\,\text{cm}$

11 a) Mini: $A = 314{,}16\,\text{cm}^2$, Maxi: $A = 706{,}86\,\text{cm}^2$
 b) Die Maxi-Pizza ist zwar doppelt so teuer wie die Mini-Pizza, aber sie ist mehr als doppelt so groß. Daher erhält man bei der Maxi-Pizza verhältnismäßig mehr.

12 a) $A = \frac{1}{2} \cdot (20\,\text{m})^2 \cdot \pi + 50\,\text{m} \cdot 40\,\text{m} = 2628{,}31\,\text{m}^2$
 b) $A = (3\,\text{m})^2 \cdot \pi - (6 + 3{,}4) \cdot \frac{2{,}5}{2} = 28{,}27\,\text{m}^2 - 11{,}75\,\text{m}^2$
   $= 16{,}52\,\text{m}^2$

13 a) $A = \frac{1}{2} \cdot 5\,\text{cm} \cdot 7\,\text{cm} = 17{,}5\,\text{cm}^2$
 b) $r \approx 2{,}36\,\text{cm}$

▶ **Seite 153   Zylinder**

1 a) $V = 343\,cm^3$; $A_O = 294\,cm^2$
  b) $V = 8000\,dm^3$; $A_O = 2400\,dm^2$
  c) $V = 3{,}375\,m^3$; $A_O = 13{,}5\,m^2$

2 a) $V = 320\,cm^3$; $A_O = 304\,cm^2$
  b) $V = 252\,mm^3$; $A_O = 282\,mm^2$
  c) $V = 300\,m^3$; $A_O = 424\,m^2$

3 Das Aquarium ist 50 cm hoch.

4 a) Maßstab 1 : 5   **b)** Maßstab 1 : 5

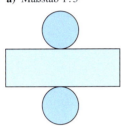
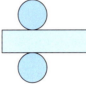

5 $A_M = 376{,}99\,cm^2$

6 a) $A_O = 376{,}99\,cm^2$; $V = 549{,}80\,cm^3$
  b) $A_O = 98{,}96\,m^2$; $V = 74{,}61\,m^3$
  c) $A_O = 3652{,}10\,cm^2$; $V = 12\,370{,}02\,cm^3$
  d) $A_O = 115{,}36\,dm^2$; $V = 33{,}93\,dm^3$

7 a) $h = 3{,}0\,cm$, $A_O = 552{,}92\,cm^2$, $V = 603{,}19\,cm^3$
  b) $h = 9{,}0\,dm$, $A_M = 113{,}10\,dm^2$, $V = 113{,}10\,dm^3$
  c) $r = 1{,}3\,m$, $A_M = 33{,}49\,m^2$, $A_O = 44{,}11\,m^2$
  d) $h = 17{,}5\,mm$, $A_M = 4090{,}35\,mm^2$,
     $A_O = 12\,785{,}28\,mm^2$

8 Nur dann, wenn $2\,r = r^2$ gilt, also wenn $r = 2$ LE beträgt.

9 a) Maßstab 1 : 5   **b)** Maßstab 1 : 5

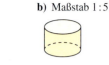

10 Der Zylinder ist 13 cm hoch.

11 a) $V = 125{,}66\,cm^3$
   b) $V_{5\ Kerzen} = 628{,}3\,cm^3$, $h = 12{,}5\,cm$

12 Beispiele: ① $r = 4\,cm$, $h = 19{,}89\,cm$
    ② $r = 5\,cm$, $h = 12{,}73\,cm$ ③ $r = 6\,cm$, $h = 8{,}84\,cm$

13 a) Zeichenübung
   b) A_O (mit Verschnitt) $= 207{,}35\,cm^2 \cdot 1{,}23 \approx 255{,}03\,cm^2$
   c) $V = 226{,}2\,cm^3$, also sind $26{,}2\,cm^3$ nicht gefüllt, das sind 11,6 %
   d) $s = \sqrt{(6\,cm)^2 + (8\,cm)^2} = 10\,cm$
      Der Strohhalm sollte also länger als 10 cm sein, damit er nicht in die Dose rutschen kann.

14 a) $V = 53\,014{,}38\,cm^3$ **b)** ca. 26,5 kg

15 a) Ein Stamm wiegt etwa 1583,4 kg.
   b) Er darf also maximal 7 (bzw. $7\tfrac{1}{2}$) Stämme aufladen.

Lösungen zu „Auf dem Weg in die Berufswelt"

▶ **Seite 120   Eingangsdiagnose**

Grundkenntnisse

I Grundrechenarten

1 a) 10 238   **b)** 517   **c)** 332 926
  d) 6082   **e)** 166   **f)** 9
  g) −1365

II Maße und Massen

2 a) 3 cm   **b)** 600 m   **c)** 7,5 kg
  d) 0,035 t **e)** 130 min **f)** 25 000 cm^2
  g) 20 000 mm^3

3 a) 1 dm^2 **b)** 1 cm^2

III Brüche und Dezimalbrüche

4 a) $\frac{28}{100} = 0{,}28$ **b)** $\frac{25}{100} = \frac{1}{4}$

5 a) 8/9   **b)** 0,95 = 19/20   **c)** 1/6
  d) 2,84 **e)** 21,35   **f)** 1/6

IV Prozentrechnung

6 a) 0,08   **b)** 30 %   **c)** 80 %

7 a) W = 56 €   **b)** W = 120 kg
  c) p % = 28 % **d)** G = 4000 Schüler
  e) Z = 40 €   **f)** G = 15 €
  g) p % = 5 %

V Dreisatz

8 0,39 € · 3 = 2,34 € Sechs Hefte kosten 2,34 €.

9 2,25 € · 3 = 6,75 € Neun Schokoriegel kosten 6,75 €.

10 8 h : 2 = 4 h Zwei Maler benötigen 4 h.

11 120 $\frac{km}{h}$ · 4 h : 80 $\frac{km}{h}$ = 6 h
   Der LKW benötigt 6 h.

12 26 · 14,5 € : 25 = 15,08 €.
   Bei 25 Teilnehmern zahlt jeder 15,08 €.

13 3,5 h · 4 : 5 = 2,8 h = 2 h 48 min
   Fünf Pumpen benötigen 2 h 48 min.

VI Flächen- und Körperberechnungen

14 b = 8,5 cm

15 u = 18,84 cm

16 V = 270 cm^3

17 A_O = 600 cm^2

18 Das Volumen wird achtmal so groß.

19 Seitenlänge a = b = c = 4 cm; h ≈ 3,5 cm; A ≈ 6,9 cm^2

VII Algebra

20 10 a + 3 b

21 17 x + 29

22 a) x = 7   **b)** x = 2

23 x + 2x = 27; x = 9
   Daniel ist 9 Jahre und Jens ist 18 Jahre alt.

24 5x − 87 = 43
   x = 26

Verarbeitungskapazität

VIII Ergebnisse Schätzen

25 a) ① 22 115   **b)** ② 120
   c) ③ 12 500   **d)** ④ 135 000 h

IX Zahlenfolgen und Figurenreihen

26 a) 2, 5, 8, 11, **14**, **17**, **20**
   b) 45, 43, 49, 47, 53, **51**, **57**, **55**
   c) 2, 5, 7, 12, 19, **31**; **50**; **81**
   d) 4, 12, 7, 21, 16, 48, **43**; **129**; **124**
   e)

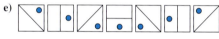

X Kopfgeometrie

27 Körper A

28 a) Zeichen A   **b)** Zeichen D

29 a) Der Körper hat 8 Flächen.
   b) Der Körper hat 16 Flächen.

Lösungen zu „Auf dem Weg in die Berufswelt"

▶ **Seite 122   Training**

Grundkenntnisse

I Grundrechenarten

1 a) 63 280 **b)** 40 735
   c) 6796 **d)** 146 859
   e) 3605

2 a) 6 688 598 **b)** 237 059 620
   c) 92 980 755 **d)** 756
   e) 2057 **f)** 6501

3 a) −856 **b)** −1035
   c) 10 730

4 a) 830 **b)** 3500
   c) 20 **d)** 2700

5 a) 2626 **b)** 5860
   c) 9282 **d)** 21 924
   e) 599 **f)** −13,5

II Maße und Massen

6 a) 140 cm **b)** 146 dm
   c) 7800 m **d)** 0,54 dm
   e) 8,5 kg **f)** 2800 kg
   g) 4050 g **h)** 120 min
   i) 720 s **j)** 135 min

7 a) 60 min; 42 min **b)** 6 h 40 min

8 a) 200 dm² **b)** 60 cm²
   c) 500 000 m² **d)** 50 000 m²
   e) 3000 dm³ **f)** 2,05 m³
   g) 1,28 ℓ **h)** 300 ℓ

III Brüche und Dezimalbrüche

9 a) 0,7 **b)** 0,47
   c) 0,033 **d)** 0,5
   e) 0,6 **f)** 0,48
   g) 0,85 **h)** 3,14
   i) 12,375

10 a) 2,7 **b)** 8,61
   c) 1,3 **d)** 1,55
   e) 54,18 **f)** 5,4
   g) 2,68 **h)** 0,508
   i) 3,8 **j)** 25,19
   k) 7,3 **l)** 5,32
   m) 36,13 **n)** 2

11 a) $\frac{6}{7}$ **b)** $\frac{2}{3}$
   c) $\frac{3}{4}$ **d)** $\frac{3}{5}$
   e) $\frac{19}{20}$ **f)** $\frac{23}{36}$
   g) $1\frac{11}{90}$ **h)** $5\frac{1}{8}$
   i) $\frac{1}{4}$ **j)** $\frac{1}{6}$
   k) $\frac{1}{6}$ **l)** $\frac{3}{10}$
   m) $2\frac{17}{24}$ **n)** $3\frac{2}{3}$
   o) $9\frac{4}{5}$

12 a) $\frac{6}{35}$ **b)** $\frac{3}{10}$
   c) $\frac{3}{4}$ **d)** $7\frac{1}{2}$
   e) $8\frac{1}{8}$ **f)** $17\frac{1}{4}$

13 a) 2 **b)** $1\frac{3}{5}$
   c) $\frac{14}{15}$ **d)** $8\frac{13}{1}5$
   e) $\frac{18}{25}$ **f)** $\frac{5}{144}$

14 a) $\frac{3}{5}$ **b)** $\frac{2}{3}$
   c) $3\frac{3}{5}$ **d)** $10\frac{10}{13}$

IV Prozentrechnung

15 a) $W = 16$ kg
   b) $W = 30$ m
   c) $W = 3000$ Stimmen
   d) $W = 180$ Schüler
   e) $W = 237,5$ €
   f) $W = 3505,2$ ℓ

16 a) $p \% = 76 \%$
   b) $p \% = 32 \%$
   c) $p \% = 69 \%$
   d) $p \% = 12 \%$
   e) $p \% = 20 \%$
   f) $p \% = 37,5 \%$

17 a) $G = 32$ kg
   b) $G = 200$ m
   c) $G = 175$ Punkte
   d) $G = 800$ Schüler
   e) $G = 2500$ €
   f) $G = 16$ h 40 min

18 Es sind 192 Artikel nicht zu gebrauchen.

19 Ute fehlen noch 80 % des Betrags.

20 a) Die Versicherung zahlt 1530 €.
   b) Er muss noch 270 € zahlen.

21 a) Der Preis wurde auf 88 % reduziert.
   b) Der Preis ist um 12 % gefallen.

22 Es waren 5450 Punkte zu erreichen.

23 a) Die Mehrwertsteuer entspricht 89,30 €.
   b) Die Reparatur kostet insgesamt 559,30 €.

24 Vorher mussten 617 € Miete gezahlt werden.

25 Der Mantel kostete vorher 233 €.

26 Sein Sparguthaben betrug 200 €.

27 Das Kapital bringt 135 € Zinsen.

Lösungen zu „Auf dem Weg in die Berufswelt"

V Dreisatz

28 a) nicht proportional, da man unterschiedlich schnell wächst.

b) antiproportional, je größer die Schrift desto weniger Zeilen passen auf eine Seite

c) proportional (soweit es keine Rabatte bei mehreren Kugeln gibt), je mehr Kugeln, desto höher der Preis

d) antiproportional, je mehr LKW, desto weniger Zeit benötigen sie

e) proportional, da jede Münze gleich viel wiegt

f) nicht proportional, da der Zuckergehalt (Anteil des Zuckers im Getränk) nicht steigt sondern gleich bleibt

g) antiproportional, je mehr Rasenmäher mähen, desto schnelle kann eine Fläche gemäht werden

h) proportional, je länger die Seite, desto größer der Umfang

i) antiproportional, je höher die Geschwindigkeit, desto kürzer ist die Fahrt für eine gleich lange Strecke, sofern keine Pausen eingelegt werden

29 individuell verschieden; Beispiele

a) Je größer der Kreis ist, desto größer ist sein Umfang.

b) Je größer ein Eimer, desto kleiner die Anzahl der Schüttungen, um eine Badewanne zu füllen.

c) Verdoppeln sich die verkauften Karten, so verdoppeln sich auch die Einnahmen.

d) Wenn sich die Anzahl der Arbeiter halbiert, so verdoppelt sich die benötigte Zeit.

30 a) proportional
b) nicht proportional und nicht antiproportional
c) nicht proportional und nicht antiproportional
d) antiproportional
e) proportional

31 a) falsch
b) falsch
c) richtig
d) richtig

32 a)

x	1	2	3	4	5
y	6	12	18	24	30

b)

x	1	2	3	4	5
y	0,75	1,5	2,25	3	3,75

c)

x	$\frac{1}{2}$	1	$1\frac{1}{2}$	2	$2\frac{1}{2}$
y	4	8	12	16	20

33 a)

x	1	2	3	4	5
y	180	90	60	45	36

b)

x	1	2	3	4	5
y	60	30	20	15	12

c)

x	1	2	4	5	8
y	80	40	20	16	10

34 Ein kg Fleisch kostet 9,80 €.

35 Auf 100 km verbraucht der Pkw 8 ℓ.

36 Die Schrittweite der Tochter beträgt 50 cm.

37 Der andere Hausbewohner zahlt 57,50 €.

38 Ein Lkw benötigt 8 h 15 min.

39 Er benötigt für die Küche 180 Kacheln.

40 Ein Taschenrechner kostet 11,49 €.

41 Für 18 Hunde reicht der Vorrat 17,5 Tage

VI Flächen- und Körperberechnungen

42 $u = 290\,\text{cm}$; $A = 4950\,\text{cm}^2$

43 Länge $b = 8\,\text{cm}$; $A = 48\,\text{cm}^2$

44 a) $A = 40\,000\,\text{m}^2$ **b)** $a = 200\,\text{m}$

45 a) $A = 980\,000\,\text{cm}^2$ **b)** Man benötigt 20 000 Fliesen.

46 $u \approx 18,85\,\text{cm}$; $A \approx 28,27\,\text{cm}^2$

47 a) $V = 30\,\text{m}^3$ **b)** 2 m

48 a) $V \approx 197,9\,\text{cm}^3$ **b)** Der Strohhalm muss mindestens 9,3 cm lang sein. Günstig wäre z. B. eine Länge von 12 cm.

49 a) Würfel   **b)** Würfel   **c)** Zylinder

VII Algebra

50 a) $2x + 35$ **b)** $6a - 14b$
c) $21x - 84$ **d)** $9a^2 + 9a - 70$
e) $-18x + 31$ **f)** $25x - 61$
g) $12x^2 - 8x - 32$

51 a) $x = 2$ **b)** $t = 8$
c) $y = -20$ **d)** $v = 12$
e) $s = 9$ **f)** $x = 21$

52 $7x + 5 = -37$
$x = -6$
Die Zahl heißt -6.

53 $2x + x + \frac{1}{2}x = 357$
$x = 102$
Die erste Zahl ist 204, die zweite 102 und die dritte 51.

54 $(x + 5) \cdot 2 - 16 = (x - 12) \cdot 5$
$x = 18$
Die gesuchte Zahl ist 18.

55 $x + (x + 13) = 35$;
$x = 11$
Enno ist 11 Jahre und Robert ist 24 Jahre alt.

56 a) $3x + x + (x + 26) = 86$
$x = 12$
Der Sohn ist 12 Jahre alt.

b) Der Vater ist 38 Jahre und die Mutter ist 36 Jahr alt.

57 a) $x + 2x + 5x - 200$
$x = 25$
Von jeder Sorte erhält man 25 Brettchen.

b) Es sind insgesamt 75 Brettchen.

159

58 40 m² = 400 000 cm²
Es sind mindestens 1000 Platten nötig.

59 a) Ein Anteil beträgt 280 €
  b) Person C erhält 1400 €.

60 a) Der Winkel α hat eine Größe von 20°
  b) Die Winkel β und γ haben jeweils eine Größe von 80°.

61 a) $x = 3$, $y = 0$ **b)** $x = 9$, $y = 10$
  c) $x = 0$, $y = 4$ **d)** keine Lösung

Verarbeitungskapazität

VIII Ergebnisse schätzen

62 a) ④ 1353 **b)** ① 9802
  c) ③ 351 526 **d)** ① 949

63 a) ③ 10 834 **b)** ① 24 500
  c) ② 198 **d)** ③ 154 440
  e) ③ 3300

64 a) 9660 ≈ 10 000 **b)** 2084 ≈ 2000
  c) 0,0108 ≈ 0,01 **d)** 22 ≈ 20
  e) 17 475 ≈ 17 000 **f)** 7,179487 ≈ 7

65 a) ca. 750 km/h **b)** ca. 2100 €
  c) ca. 85 Flaschen

IX Zahlenfolgen und Figurenreihen

66 a) 32 **b)** 27
  c) 14 **d)** 22
  e) 48 **f)** 20
  g) 25 **h)** 45

67 a) *E* **b)** *B*
  c) *E* **d)** *C*

68 a) **b)** **c)**

X Kopfgeometrie

69 *C*

70 a) 5 **b)** 8
  c) 2 **d)** 10

71 1 – c; 2 – b; 3 – d; 4 – a

72 ① B,
  ② kann B sein,
  ③ kann A oder C sein,
  ④ A, kann auch B oder C sein

73 ① B; ② A; ③ C; ④ D

Lösungen zu „Auf dem Weg in die Berufswelt"

▶ **Seite 128   Test**

1 a) 417 343   **b)** 53 705
 c) 7500   **d)** 14 261 035
 e) 35 021   **f)** 3826
 g) 34   **h)** 75

2 Sechs Busse reichen gerade nicht, demnach müssen sieben Busse bestellt werden

3 a) 120 mm   **b)** 80 dm
 c) 3500 m   **d)** 0,15 km
 e) 6 t   **f)** 0,45 kg
 g) 7050 kg   **h)** 3,05 kg
 i) 7,04 €   **j)** 200 ct
 k) 420 s   **l)** 9 h
 m) 3600 s   **n)** 36 min

4 a) $\frac{8}{11}$ **b)** $\frac{1}{3}$
 c) $\frac{7}{12}$ **d)** $3\frac{1}{3}$
 e) $1\frac{5}{24}$ **f)** $1\frac{7}{8}$
 g) $\frac{6}{35}$ **h)** $4\frac{1}{2}$
 i) $\frac{1}{8}$ **j)** 3
 k) $\frac{2}{11}$ **l)** 16
 m) $\frac{2}{3}$ **n)** $1\frac{4}{11}$

5 a) 34,76   **b)** 3,852
 c) 1,76   **d)** 3,087
 e) 3,6975   **f)** 107,88
 g) 5,64   **h)** 2,035

6 a) … 73, 77, 81
 b) … 64, 61, 58
 c) … 19, 38, 35
 d) … 43, 55, 69
 e) … 39, 31, 93
 f) … 55, 89, 144

7 a) $W = 350$ €
 b) $W = 54$ kg
 c) $W = 756$ m
 d) $p\% = 25\%$
 e) $p\% = 4\%$
 f) $G = 260$ t
 g) $G = 250$ Stück

8 a) Die Zinsen für ein Jahr betragen 360 €.
 b) Im Folgejahr betragen die Zinsen 376,2 €.

9 a) Es haben 18 600 Bürger ihre Stimme abgegeben.
 b) Gegenkandidat Mittermayer erhielt etwa 31,7 % der Stimmen.

10 a) $V = 60 000$ cm^3 = 60 ℓ
 b) Es befinden sich 57 ℓ Wasser im Aquarium.

11 a) Das Feld ist 90 m lang.
 b) Die Anlage bewässert etwa 77,8 % des Feldes.

12 a) Mona muss 72 ct bezahlen.
 b) Sie erhält 28 ct zurück.
 c) Er hat 25 Brötchen gekauft.

13 Es müssen 23 Arbeiter tätig sein.

14 a) $r = 15$ cm
 b) $A = 706,9$ cm^2
 c) Bei doppeltem Radius verdoppelt sich auch der Umfang, aber der Flächeninhalt vervierfacht sich.

15 Das Dreieck ist rechtwinklig, da der Satz des Pythagoras gilt, wobei a die Hypotenuse ist.

16 a) $x = 12$ **b)** $x = 6$ **c)** $x = 3$

17 I $x + y = 42$
  II $x + 2y = 66$
  $x = 18, y = 24$
  Das Hotel hat 18 Einzel- und 24 Doppelzimmer.

18 $x + (x + 3) = 99$
  $x = 48$
  Die Mutter ist 48 Jahre alt, der Vater ist 51 Jahre alt.

19 $x + (x + 4) = 80$
  $x = 38$
  Die Frau ist 38 Jahre alt, der Mann ist 42 Jahre alt.

20 a) ③ 11 344
 b) ② 6998
 c) ② 450
 d) ③ 998 994

21 a) B
 b) D

22 D

23 a) 10
 b) 8

24 b), f) und g)

Lösungen zu den Berufsseiten

▶ **Seite 131   Maler/in und Lackierer/in**

1 **a)** $A = 2,5\,\text{m} \cdot 4,0\,\text{m} = 10\,\text{m}^2$
   Die Bodenfläche misst $10\,\text{m}^2$.
   b) $10 \cdot 23\,€ + 145\,€ = 375\,€$
   Der neue Bodenbelag kostet insgesamt $375\,€$.

2 **a)** $A = 2 \cdot (4,00\,\text{m} + 5,50\,\text{m}) \cdot 2,8\,\text{m} = 53,2\,\text{m}^2$
   b) Er hat Türen- und Fensterflächen abgezogen,
   eventuell auch Flächen hinter einer Heizung.
   c) Tapetenrolle: $A = 0,5\,\text{m} \cdot 10\,\text{m} = 5\,\text{m}^2$
   $39\,\text{m}^2 : 5\,\text{m}^2 = 7,8$, also etwa 8 (besser 9) Rollen

3 **a)** $A = 3,5\,\text{m} \cdot 3,0\,\text{m} = 10,5\,\text{m}^2$
   Der Inhalt der Deckenfläche beträgt $10,5\,\text{m}^2$.
   b) $10,5 \cdot 150\,\text{ml} = 1575\,\text{ml}$ Farbe
   Sie benötigt $1575\,\text{ml}$ Farbe.
   c) $1700\,\text{ml} : 5 = 340\,\text{ml}$ sind ein Teil Farbe.
   Sie mischt $4 \cdot 340\,\text{ml} = 1360\,\text{ml}$ weiße Farbe
   mit $340\,\text{ml}$ grauer Farbe.

4 Die Zuordnung *Anzahl der Maler → Arbeitszeit (in h)*
   ist antiproportional.

Anzahl der Maler	Arbeitszeit in h
2	12
1	24
3	8

Zusammen sind sie nach drei Stunden fertig. Das gilt
nur, wenn alle drei gleich schnell arbeiten.

▶ **Seite 133   Tischler/in**

1 **a)** Eckverbindung mit Dübeln
   b) geschraubte Eckverbindung
   c) mit Hilfe eines Handwerkerwinkels

2 **a)** Die Werte 30, 40 und 50 bilden ein rechtwinkliges
   Dreieck, denn es gilt
   $30^2 + 40^2 = 50^2$
   $900 + 1600 = 2500$
   b) individuelle Ergebnisse
   c) Kürzer als $50\,\text{cm}$ bedeutet einen Winkel kleiner als
   $90°$ (spitzer Winkel). Länger als $50\,\text{cm}$ bedeutet
   einen Winkel größer als $90°$ (stumpfer Winkel).

2 $x^2 = (44\,\text{cm})^2 + \left(\frac{54\,\text{cm} - 40\,\text{cm}}{2}\right)^2$; $x \approx 44,55\,\text{cm}$
   Die Länge der Beine beträgt ca. $44,6\,\text{cm}$.

4 Ansatz: $4,5^2 + 8,7^2 = x^2$
   $20,25 + 75,69 = x^2$
   $95,94 = x^2$
   $x \approx 9,80$
   $9,80 + 2 \cdot 0,60 = 11$
   Die Dachsparren müssen $11\,\text{m}$ lang sein.

5 **a)** Das Dach ist in der Mitte $6\,\text{m} - 4\,\text{m} = 2\,\text{m}$ hoch.
   Ansatz: $2^2 + 3,5^2 = x^2$
   $4 + 12,25 = x^2$
   $16,25 = x^2$
   $x \approx 4,03$
   $A = 2 \cdot 4,03 \cdot 12 = 96,72$
   Es werden mindestens $96,72\,\text{m}^2$ Dachpappe
   benötigt.
   b) $97 \cdot 15 = 1455$
   Es werden mindestens 1455 Ziegel benötigt.

Lösungen zu den Berufsseiten   Lösungen

▶ **Seite 135   Verkäufer/in**

1 a) $3 \cdot 8 + 3 \cdot 5 = 3 \cdot 13 = 39$
    Sie soll insgesamt 39 Jeans bestellen.
  b) $39 \cdot 39{,}90\,€ = 1556{,}10\,€$
    Die Bestellung kostet 1556,10 €.
  c) Die Zuordnung ist proportional.

2

Anzahl Paare	Preis (in €)		Anzahl Paare	Preis (in €)
1	45,50		6	273,00
2	91,00		7	318,50
3	136,50		8	364,00
4	182,00		9	409,50
5	227,50		10	455,00

3 $100\,\% - 20\,\% = 80\,\% = 0{,}8$
   $79\,€ \cdot 0{,}8 = 63{,}20\,€$
   Sina muss 63,20 € abkassieren.

4 Sina geht davon aus, dass mehr Verkäufer auch
   wirklich in gleicher Menge mehr verkaufen würden.
   (Davon kann man in der Realität nicht ausgehen.)
   Die Rechnung ergäbe

Anzahl Verkäufer	Umsatz (in €)
6	8400
1	1400
8	11 200

   (Die Zeitangabe 8 Stunden benötigt man für die
   Rechnung nicht.)

5 a) Das entspricht der normalen Größe 50 und der
    internationalen Größe M.
  b) Die Größe 102 bei Männern bedeutet nicht nur
    bestimmte Maße für Brustumfang usw., sondern
    berücksichtigt auch den Körperbau, hier „schlank".

6 Für 1000 Tüten bezahlt man 860 €. Um mit dem
   Angebot für mindestens 500 Tüten auf eine ähnliche
   Summe zu kommen, müsste man
   $860 : 1{,}24 = 693{,}548\ldots$ Tüten bestellen.
   Der Preis für 694 Tüten liegt beim Angebot für
   mindestens 500 Tüten also höher als der Preis für
   1000 Tüten. Daher würde sich dann die Bestellung
   von 1000 Tüten lohnen, selbst wenn man 306 Tüten
   davon nicht benutzt.

▶ **Seite 137   Friseur/in**

1 Bruttopreis: $(28\,€ + 18\,€) \cdot \frac{119}{100} = 54{,}74\,€$
   Ein sinnvoll gerundeter Preis wäre 55 €.

2 Bienenhonig: $\frac{20\,ml}{275\,ml} \approx 7{,}3\,\%$
   warmes Wasser: $\frac{250\,ml}{275\,ml} \approx 90{,}9\,\%$
   Obstessig: $\frac{5\,ml}{275\,ml} \approx 1{,}8\,\%$

3 $\frac{75\,€}{500\,€} = 0{,}15 = 15\,\%$; Janines Provision betrug 15 %.

4 a) $\frac{320}{450} \approx 71{,}1\,\%$
    Das sind 71,1 % der höchsten Vergütung.
  b) $320\,€ \cdot 0{,}3 = 96\,€$
    Sie zahlt monatlich 96 € an ihre Eltern.
  c) $\frac{1423}{1815} \approx 78{,}4\,\%$
    $100\,\% - 78{,}4\,\% = 21{,}6\,\%$
    Der geringste Verdienst liegt 21,6 % unter
    dem höchsten.

5 $\frac{116\,250}{125\,000} = 93\,\%$.
   Das sind 93 %.

6 a)

Zuschauen	18,75 %
Waschen	18,75 %
Föhnen, Frisieren	12,5 %
Schneiden	3,125 %
Makeup	9,375 %
Wegräumen, Reinigen etc.	37,5 %

  b) $8\,h \cdot 0{,}3 = 2{,}4\,h = 2\,h\ 24\,min$

163

Lösungen zu den Berufsseiten

▶ **Seite 139   Konditor/in**

1 Es müssen alle Angaben mit 400 : 8 = 50 multipliziert werden.
25 000 g = 25 kg Mehl, 3000 g = 3 kg Butter,
3000 g = 3 kg Zucker, 350 g Salz, 1750 g Hefe,
10 000 ml = 10 ℓ Milch und 50 Eier

2 $x + 3x + 2x = 1500$
$6x = 1500$ | : 6
$x = \frac{1500}{6}$
$x = 250$

Die Pralinenmischung enthält 250 Marzipanpralinen,
3 · 250 = 750 Trüffelpralinen und
2 · 250 = 500 Nusspralinen.
Probe: 250 + 3 · 250 + 2 · 250
       = 250 + 750 + 500 = 1500

3 Anzahl 250-g-Beutel: x
Anzahl 500-g-Beutel: $2x$
$250x + 500 · 2x = 100 000$
$1250x = 100 000$ | : 1250
$x = 80$
Er muss 80 von den 250-g-Beuteln packen und 160 von den 500-g-Beuteln.
Probe: 80 · 250 + 160 · 500 = 20 000 + 80 000
       = 100 000

4 Anzahl der 25-g-Törtchen: $3x$
Anzahl der 40-g-Törtchen: x
$25 · 3x + 40x = 2000$
$75x + 40x = 2000$
$115x = 2000$ |:115
$x = 17$ Rest 45
Elias kann aus dem Teig 51 kleine und 17 große Törtchen herstellen. Es bleiben 45 g übrig, die noch für ein großes Törtchen reichen würden.

▶ **Seite 141   Anlagenmechaniker/in**

1 a)

Zeit in h	1	2	3	4	5	6
Kosten in €	75	115	155	195	235	275

b)

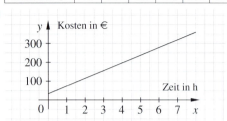

c) $f(x) = 40 € · x + 35 €$
d) $f(3,5) = 40 € · 3,5 + 35 € = 175 €$
Die voraussichtlichen Kosten betragen 175 €.

2 a) ① $g(x) = 4,50x + 39,60$
② $f(x) = 7,80x$
7,80 (€) steht für den Stückpreis des einen Anbieters.
4,50 (€) ist der Stückpreis und 39,60 (€) die Lieferpauschale des anderen Anbieters.
b) $g(14) = 4,50 · 14 + 39,60 = 102,60$
$f(14) = 7,80 · 14 = 109,20$
Eryk sollte sich für das Angebot ① entscheiden.

3 $100 \geq 11,10x + 20,25$ | – 20,25
$79,75 \geq 11,10x$ | : 11,10
$7,2 \geq x$

Für 100 € können 7 Wasserhähne gekauft werden.

4 a) Das Rohr dehnt sich um etwa 6 mm.
b) Das Rohr dehnt sich um etwas weniger als 6 mm.

Stichwortverzeichnis

A
Ähnlichkeit 64, 72
Anfangswert 12
Anlangenmechaniker/in 140 f.

B
Basis 32
Basiswinkel 32
Berufseingangstest 118 ff.
Bildlänge 58
Bogenlänge 82

D
Deckfläche 102, 116
Dichte 106, 116
Drachen 54, 72, 76
Dreiecke
– gleichschenklig 32, 50
– gleichseitig 32, 50
– rechtwinklig 32, 50
– spitzwinklig 32, 50
– stumpfwinklig 32, 50
– unregelmäßig 32
Dreiecksungleichung 32, 50
Dreisatz 8, 28
Durchmesser 80,
dynamische Geometrie-Software 21, 45

F
fallend 18
Flächeninhalt
– des Kreises 84, 94
– des Kreisrings 84, 86, 94
– von Vierecken 54, 76, 94
Fluchtpunkt 67
Formelsammlung 142, Umschlag hinten
Friseur/in 136 f.
Funktion 12
– lineare 12, 28
Funktionenplotter 21
Funktionsgleichung 12, 28
Funktionsgraph 12, 28
– linearer 12
Funktionswert 12

G
Gerade 12
gleichschenkliges Dreieck 32, 50
gleichseitiges Dreieck 32, 50
Graph 8, 12
Grundfläche 98, 102, 116

H
Haus der Vierecke 54
Höhenunterschied 18
Horizontalunterschied 18
Hypotenuse 40, 50

K
Kathete 40, 50
Konditor/in 138 f.
Kongruenz 32, 64
Knotenschnur 44
Kreis
– Flächeninhalt 84, 94
– Umfang 80, 94
Kreisausschnitt 83, 86
Kreisring, Flächeninhalt 84, 86, 94
Kreissegment 82
Kreisumfang 80
Kreiszahl π 80, 94

L
Lackierer/in 130 f.
lineare Funktion 12, 28

M
Maler/in 130 f.
Mantelfläche, Zylinder 102
Masse 106, 116
Maßstab 35, 58
maßstabsgerecht umrechnen 59

N
Netz eines Zylinders 102, 116

O
Oberflächeninhalt
– Quader 98
– Würfel 98
– Zylinder 102
Original 58
Originallänge 58

P
Parallelogramm 54, 72, 76
Pi (π) 80, 94
proportional 8, 28
Proportionalitätsfaktor 8
Pythagoras 29, 36
– baum 41, Umschlag hinten
– Satz des P. 40, 50

Q
Quader 98
Quadrat 54, 72, 76
Quadratwurzeln 36, 50
Quadratzahlen 36, 50
Quadrieren 36
– eines Bruchs 37
quotientengleich 8

R

Rastermethode 66
Raute 54, 72
Radikand 36, 50
Radius 80, 84
Rechteck 54, 72, 76
rechtwinkliges Dreieck 32, 50

S

Satz des Pythagoras 40, 50, 133
Satz des Thales 44
Schatten 67
Schenkel 32
Schrägbild, Zylinder 106
spitzwinkliges Dreieck 32, 50
steigend 18
Steigung 12, 18, 28
Steigungsdreieck 18, 28
Streckungsfaktor k 58, 72
Streckungszentrum 61, 72
stumpfwinkliges Dreieck 32, 50

T

Tabellenkalkulation 16
Thales 44
Tischler/in 132 f.
Trapez 54, 72, 76

U

Umfang
– von Vierecken 54, 76, 94
– Kreis 80, 94

V

Vergrößerung 58, 61, 72
Verkäufer/in 134 f.
Verkleinerung 58, 61, 72
Volumen
– Quader 98
– Würfel 98
– Zylinder 106

W

Wertetabelle 8, 12
Winkelsumme 32, 50
Würfel 98
Wurzelziehen 36, 50

Y

y-Achsenabschnitt 12, 28

Z

zentrische Streckung 61, 72
Zylinder
– Mantelflächeninhalt 102
– Masse 106
– Schrägbild 106
– Oberflächeninhalt 102
– Volumen 106

Bildverzeichnis

Cover F1 online

5/1	Fotolia/Superingo
7/1	Fotolia/Erwin Wodicka
8/1	Fotolia/Kadmy
10/1	Fotolia/daffodilred
15/1	Fotolia/by-studio
15/2	Fotolia/malajscy
18/1	Fotolia/fotomek
22/1	Fotolia/auremar
23/1	Fotolia/ArTo
24/1	Fotolia/Superingo
25/1	Fotolia/Armando Frazão
29/1	Fotolia/stockbksts
34/1	Fotolia/Michael Rogner
39/1–8, 10	Ines Knospe, Goch
39/9	Exploratorium Potsdam e. V./Dr. Axel Werner
40/1	Fotolia/George.M.
42/1	Fotolia/InPixKommunikation
43/1	Fotolia/stockbksts
43/2	Fotolia/Henrie
43/3	Fotolia/lesniewski
43/4	Jens Schacht, Düsseldorf
44/2	bpk
44/3	Fotolia/jessicakirsh
46/1	Fotolia/Christophe Fouquin
46/1	Corbis/Erik Isakson
51/1	Fotolia/vilainecrevette
54/1	VISUM/Wolfgang Steche
56/1	Fotolia/Cpro
56/2	Fotolia/siempreverde22
56/3	www.conen-gmbh.de
57/1	Fotolia/Chepko Danil
57/2	Cornelsen Schulverlage GmbH
57/3	Fotolia/tomatito26
57/4	Fotolia/pbardocz
58/1	Fotolia/ tomatito26
58/2	Cornelsen Schulverlage GmbH
59/1	Fotolia/hibaer
60/1	Fotolia/Dirk Vonten
60/2	pixabay.com/uhu-bild
60/3	Fotolia/Angela Rohde
63/1 bis 4	Fotolia/Lucky Dragon
65/1	Grimm's GmbH, Hochdorf
66/1	akg-images/IAM
66/2	akg-images
66/3	akg-images/De Agostini Picture Lib.
66/4	Volker Döring, Hohen Neuendorf
67/1	Volker Döring, Hohen Neuendorf
67/2	Fotolia/LoloStock
68/1	Deutsche Bahn AG
69/1	Corbis/Ocean/Michelangelo Gratton/13
69/2	Corbis/Ocean/Michelangelo Gratton/2
69/3	Corbis/Ocean/Michelangelo Gratton/3
69/4	Corbis/RF Pictures
69/5	Fotolia/Claudio Divizia
70/1	Meisterstück-HAUS, Hameln
70/2	Meisterstück-HAUS, Hameln
71/1	Fotolia/Farinoza
73/1	Shutterstock/Aneese
79/1	Torsten Feltes, Berlin
79/2	Fotolia/fdsmsoft
81/1	Fotolia/photlook
81/2	Fotolia/Taffi
81/3	Fotolia/janez volmajer
82/1	VISUM/Karl Hoffmann
82/2	Fotolia/mikolajn
85/1	Fotolia/Teteline
85/2	Fotolia/janvier
86/1	Fotolia/fdsmsoft
87/1	Fotolia/isaac74
88/1	Fotolia/benuch
88/2	Fotolia/benuch
89/1	Fotolia/frabuzz
89/2	GlowImages/Aflo Score
90/1	Deutsche Postbank AG
90/1	Shutterstock/Stocksnapper
91/2	Topic Media
91/1	Fotolia/dimakp
92/1	Fotolia/Andreas P
94/1	Fotolia/Glenn Young
95/1	Fotolia/Stefan Balk
97/1	Volker Döring, Hohen Neuendorf
97/2–3	Laura Gabriel, Dinslaken
100/1	Volker Döring, Hohen Neuendorf
101/1	Fotolia/fotografiche.eu
101/2	Fotolia/Africa Studio
101/3	Fotolia/Olga Kovalenko
101/4	Fotolia/Dario Lo Presti
101/5	Fotolia/eugenesergeev
101/6	Fotolia/amnachphoto
101/7	Fotolia/Anton Prado PHOTO
101/8	Fotolia/wektorygrafika
102/1	Torsten Feltes, Berlin
102/2	Fotolia/wedmoscow
102/3	Fotolia/rdnzl
102/4	Fotolia/Dvarg
102/5	Fotolia/chaphot
102/6	Fotolia/PRILL Mediendesign
102/7	Fotolia/mweichse
104/1	Fotolia/Africa Studio
104/2	Jens Schacht, Düsseldorf
105/1	Volker Döring, Hohen Neuendorf
106/1	Torsten Feltes, Berlin
107/1	Fotolia/eugenesergeev
108/1	Volker Döring, Hohen Neuendorf
108/2	Colourbox
110/1	Fotolia/Gina Sanders
110/2	Fotolia/travelguide
110/3	VISUM/VISUM/Stefan Kiefer
111/1	epd-bild/Caro/Dobiey
111/2	picture-alliance/dpa
113/1	Fotolia/bettina sampl
113/2	VISUM/Bernd Euler
113/4	Fotolia/janvier
113/3	Fotolia/Cécile Haupas
113/5	Fotolia/Irina
117/1	Fotolia/ikonoklast_hh
118/1	mauritius images/Alamy
119/1	Fotolia/Gina Sanders
130/1	Fotolia/goodluz
131/1	Fotolia/VRD
131/2	Fotolia/lakeviewimages
132/1	Fotolia/auremar
132/2	Fotolia/goodmanphoto
133/1	Heiko Stumpe, Alfeld
134/1	Fotolia/goodluz
136/1	Fotolia/contrastwerkstatt
137/1	Fotolia/cirquedesprit
138/1	Fotolia/flairimages
139/1	Fotolia/goodluz
139/2	Fotolia/tunedin
140/1	Fotolia/auremar
143/1	Fotolia/Superingo
143/2	Fotolia/stockbksts
143/3	Fotolia/vilainecrevette
143/4	Shutterstock/Aneese
143/5	Fotolia/Stefan Balk
143/6	Fotolia/Aneese
145/1	Fotolia/goldbany
149/1	mauritius images/Alamy/Bill Bachman
153/1	Fotolia/Gundolf Renze

Bruchrechnung auf einen Blick

Addition/ Subtraktion	Man addiert bzw. subtrahiert gleichnamige Brüche, indem man die Zähler addiert und den Nenner beibehält.	$\frac{2}{9} + \frac{5}{9} = \frac{2+5}{9} = \frac{7}{9}$
	Ungleichnamige Brüche müssen zuerst durch Kürzen oder Erweitern auf einen gemeinsamen Nenner gebracht werden.	$\frac{5}{6} - \frac{5}{9} = \frac{15}{18} - \frac{10}{18} = \frac{15-10}{18} = \frac{5}{18}$
Multiplikation	Brüche werden multipliziert, indem man Zähler mit Zähler und Nenner mit Nenner multipliziert.	$\frac{5}{6} \cdot \frac{9}{10} = \frac{\cancel{5}^{1}}{\cancel{6}_{2}} \cdot \frac{\cancel{9}^{3}}{\cancel{10}_{2}} = \frac{3}{4}$
Division	Man dividiert durch einen Bruch, indem man mit seinem Kehrbruch multipliziert.	$\frac{7}{3} : \frac{3}{4} = \frac{7}{3} \cdot \frac{4}{3} = \frac{7 \cdot 4}{3 \cdot 3} = \frac{28}{9} = 3\frac{1}{9}$

Formeln aus der Geometrie

Dreieck	$u = a + b + c$ $A = \frac{g \cdot h_g}{2}$	
Rechteck	$u = 2a + 2b = 2(a + b)$ $A = a \cdot b$	
Quadrat	$u = 4a$ $A = a \cdot a = a^2$	
Trapez mit $a \parallel c$	$m = \frac{a + c}{2}$ $A = m \cdot h = \frac{(a + c) \cdot h}{2}$	
Parallelogramm	$A = a \cdot h_a$	
Drachen(viereck)	$A = e \cdot f$ mit e, f Diagonalen	
Würfel	$A_O = 6 \cdot a \cdot a = 6 \cdot a^2$ $V = a \cdot a \cdot a = a^3$	
Quader	$A_O = 2ab + 2ac + 2bc$ $V = a \cdot b \cdot c$	